Subhashish Dey
Maddasu Durga Rao

Desempenho do betão de grau M30 utilizando ggbs e materiais de poeira de pedreira

Subhashish Dey
Maddasu Durga Rao

Desempenho do betão de grau M30 utilizando ggbs e materiais de poeira de pedreira

Características aquando da substituição de componentes

Imprint

Any brand names and product names mentioned in this book are subject to trademark, brand or patent protection and are trademarks or registered trademarks of their respective holders. The use of brand names, product names, common names, trade names, product descriptions etc. even without a particular marking in this work is in no way to be construed to mean that such names may be regarded as unrestricted in respect of trademark and brand protection legislation and could thus be used by anyone.

Cover image: www.ingimage.com

This book is a translation from the original published under ISBN 978-620-7-46321-3.

Publisher:
Sciencia Scripts
is a trademark of
Dodo Books Indian Ocean Ltd. and OmniScriptum S.R.L publishing group

120 High Road, East Finchley, London, N2 9ED, United Kingdom
Str. Armeneasca 28/1, office 1, Chisinau MD-2012, Republic of Moldova, Europe
Printed at: see last page
ISBN: 978-620-7-71211-3

Conteúdo

RECONHECIMENTO

Gostaria de expressar o nosso sentido de gratidão e os nossos sinceros agradecimentos a **Sri. M. DURGARAO,** professor assistente do **M.Tech (Ph.D.),** pela sua constante orientação, supervisão e motivação na conclusão do trabalho do projeto. Sinto-me feliz por estender a nossa sincera gratidão **ao Dr. A. SREENIVASULU,** Chefe do Departamento de Engenharia Civil, pelo seu encorajamento durante todo o projeto. As suas anotações e críticas estão na origem da conclusão bem sucedida do trabalho do projeto. Gostaria de aproveitar esta oportunidade para expressar o nosso profundo sentimento de gratidão ao nosso vice-diretor académico, **Dr. M. R. Ch. SASTRY,** por nos ter proporcionado todas as facilidades necessárias. Sinto-me feliz por estender a nossa gratidão floral ao **Dr. P. KODANDA RAMA RAO, vice-diretor** administrativo, pelo seu encorajamento durante todo o projeto. As suas anotações e críticas estão na base da conclusão bem sucedida do trabalho do projeto. Gostaria de aproveitar esta oportunidade para expressar o nosso profundo sentimento de gratidão ao nosso diretor, **Dr. G. V. S. N. R. V PRASAD,** por nos ter proporcionado todas as facilidades necessárias. Por último, gostaríamos de agradecer a todos os que, direta ou indiretamente, me ajudaram a tornar o trabalho do projeto bem sucedido

RESUMO

Devido ao rápido desenvolvimento das infra-estruturas, torna-se muito necessário encontrar e adotar alguns produtos amigos do ambiente. Torna-se cada vez mais óbvio que a evolução gradual no domínio da construção tem um efeito adverso no bem-estar da terra e coloca em perigo as gerações futuras. O betão também pode ser utilizado para alguns fins especiais cujas propriedades especiais são mais importantes do que as normalmente consideradas. O objetivo mais importante deste estudo é avaliar as possibilidades de utilização de GGBS (Ground Granulated Blast Furnace Slag) no betão. O aperfeiçoamento de uma tecnologia requer o estudo dos efeitos causados pela mistura mineral na resistência dos materiais cimentícios. Este projeto representa os resultados de uma investigação experimental realizada para compreender a adequação do GGBS na produção de betão. Neste estudo experimental, o impacto do GGBS na resistência do betão de referência M30 foi preparado utilizando OPC de grau 53 e as outras misturas foram preparadas substituindo parte do OPC por GGBS. Os níveis de substituição foram 0%, 10%, 20%, 30%, 40% e 50% (em peso de cimento) para o GGBS. E a substituição do agregado fino por 0%, 10%, 20%, 30%, 40% e 50% de pó de pedreira.

CAPÍTULO-1

INTRODUÇÃO

Geral

A própria palavra "betão" representa um segmento muito grande da carga total da estrutura que desempenha um papel vital na atual indústria da construção. O betão é um dos materiais de construção mais utilizados, com várias vantagens, como a elevada resistência, a boa capacidade de moldagem e a elevada durabilidade. O betão é um material compósito feito de vários constituintes facilmente disponíveis, como o cimento, o agregado, a areia e a água. O betão é um material versátil que pode ser facilmente misturado para satisfazer uma variedade de necessidades especiais e moldado em praticamente qualquer forma.

O betão é um material de construção muito resistente e adaptável. É constituído por cimento, areia e agregados (por exemplo, cascalho ou pedra britada) misturados com água. O cimento e a água formam uma pasta ou gel que reveste a areia e o agregado. Quando o cimento reage com a água, endurece e mantém toda a mistura unida. A reação inicial de endurecimento ocorre normalmente em algumas horas. São necessárias algumas semanas para que o betão atinja a sua dureza e resistência totais. O betão tem tendência para endurecer e atingir a resistência durante mais alguns anos. O betão resiste à compressão (esmagamento), mas é extremamente fraco em tensão (alongamento). Para que o betão resista à tensão, é reforçado com barras de aço (vergalhões), fios de polímero ou fibras.

A seguir à água, o cimento é o segundo material mais utilizado no mundo. Mas esta produção rápida de cimento cria um grande problema ambiental para o qual é necessário encontrar soluções de engenharia civil. Emissão de CO_2 durante o processo de produção do cimento. Estima-se que 1 tonelada de CO_2 seja libertada no ambiente quando se fabrica 1 tonelada de OPC. Como as pessoas estão mais preocupadas com o ambiente e com a consciencialização do público sobre as fontes de energia limitadas na Terra e para a geração futura, temos de as poupar ou encontrar uma fonte de energia alternativa. Do mesmo modo, é necessário criar uma sensibilização também no domínio da construção. Esta é a segunda questão ambiental associada ao consumo de cal. Como não existe nenhum material aglutinante alternativo que substitua totalmente o cimento, a utilização da substituição parcial do cimento é bem aceite para os compósitos de betão. A fim de cumprir o seu compromisso para com o desenvolvimento sustentável de toda a sociedade, o betão de amanhã não só será mais durável, como também deverá ser desenvolvido para satisfazer as necessidades socioeconómicas com um impacto ambiental modesto. Assim, a questão está relacionada com o ambiente, o problema está relacionado com a minimização de custos, mas o engenheiro estrutural dará a resposta através de uma análise adequada das propriedades do betão fabricado com materiais de resíduos industriais.

O principal objetivo da presente investigação é avaliar as possibilidades de utilizar pó de pedreira como substituto do agregado fino e GGBS como substituto do cimento. A presente investigação teve como objetivo estudar, 10%, 20%, 30%, 40% e 50% do cimento foi substituído por escória granulada de alto-forno moída (GGBS) e o agregado fino foi substituído por pó de triturador. A resistência à compressão, a resistência à tração e a resistência à flexão foram determinadas após 7 dias e 28 dias de cura.

CONCRETO:

O betão é um material artificial em que os agregados, tanto finos como grossos, são ligados entre si pelo cimento quando misturados com água. O betão tornou-se tão popular e indispensável devido às suas características inerentes ao betão, o que provocou uma revolução nas aplicações do betão. O betão tem oportunidades ilimitadas para aplicações, conceção e técnicas de construção inovadoras. A sua grande versatilidade e relativa economia no preenchimento de uma vasta gama de necessidades tornaram-no um material de construção muito competitivo.

O betão solidifica e endurece depois de misturado com água e colocado devido a um processo químico conhecido como hidratação. A água reage com o cimento, que une os outros componentes, acabando por criar um material semelhante à pedra. O betão é utilizado para fazer pavimentos, estruturas arquitectónicas, fundações, auto-estradas/estradas, pontes/viadutos, estruturas de estacionamento, paredes de tijolo/blocos e bases para portões, vedações e postes, reservatórios e piscinas. As estruturas de betão mais famosas incluem o Burj Khalifa (o edifício mais alto do mundo), a barragem Hoover, o canal do Panamá e o Panteão Romano.

Há muitos tipos de betão disponíveis, criados através da variação das proporções dos ingredientes principais. Através da adição ou substituição das fases cimentícia e agregada, o produto acabado pode ser adaptado à sua aplicação, com diferentes propriedades de resistência, densidade ou resistência química e térmica.

A água é então misturada com este composto seco, o que produz um semi-líquido que os trabalhadores podem moldar (normalmente deitando-o numa forma). O betão solidifica e endurece até atingir a resistência de uma rocha através de um processo químico chamado hidratação. A água reage com o cimento, que une os outros componentes, criando um material robusto semelhante à pedra.

Os "aditivos químicos" são adicionados para obter propriedades variadas. Estes ingredientes podem acelerar ou abrandar a taxa de endurecimento do betão e conferir muitas outras propriedades úteis.

As "armaduras" são frequentemente adicionadas ao betão. O betão pode ser formulado com uma elevada resistência à compressão, mas tem sempre uma resistência à tração inferior. Por este motivo, é normalmente reforçado com materiais que são fortes em tensão (frequentemente aço). O betão pode ser danificado por muitos processos, como o congelamento da água retida.

Os "aditivos minerais" estão a tornar-se mais populares nas últimas décadas. A utilização de materiais reciclados como ingredientes do betão tem vindo a ganhar popularidade devido à legislação ambiental cada vez mais rigorosa e à descoberta de que esses materiais têm frequentemente propriedades complementares e valiosas. Os mais importantes são as cinzas volantes, um subproduto das centrais eléctricas a carvão, e a sílica de fumo, um subproduto dos fornos eléctricos de arco industriais, o metacaulino e o GGBS da indústria siderúrgica. A utilização destes materiais no betão reduz o número de recursos necessários, uma vez que as cinzas e a fumaça actuam como substitutos do cimento. Isto substitui alguma produção de cimento, um processo energeticamente dispendioso e ambientalmente problemático, ao mesmo tempo que reduz a quantidade de resíduos industriais que têm de ser depositados em aterros.

O betão é o material artificial mais consumido no mundo. Com o avanço da tecnologia e o aumento do campo de aplicações do betão e das argamassas, a resistência, a trabalhabilidade, a durabilidade e outras propriedades físicas e químicas do betão normal necessitam de modificações para o tornar mais adequado às situações. É necessário controlar o custo crescente e a escassez de cimento. Nestas circunstâncias, o uso de aditivos é considerado uma solução alternativa importante. A utilização de materiais de pozolana no betão de cimento constituiu uma solução para modificar as propriedades do betão, controlar o custo de produção do betão, ultrapassar a escassez de cimento, as vantagens económicas da eliminação de resíduos industriais, etc.

A utilização de materiais pozolânicos no betão abriu uma solução para

* Modificação das propriedades do betão.
* Controlo do custo de produção do betão.
* Para ultrapassar a escassez de cimento.

CIMENTO

O cimento é um aglutinante, uma substância que se fixa e endurece de forma autónoma e que pode unir outros materiais. A palavra "cimento" remonta aos romanos, que utilizavam o termo opus cementitious para descrever a alvenaria semelhante ao betão moderno, que era feita de pedra britada com cal queimada como aglutinante. As cinzas vulcânicas e os aditivos de tijolo pulverizado que eram adicionados à cal queimada para obter um aglutinante hidráulico foram mais tarde referidos como cementum, cementum e cimento.

Em 2010, a produção mundial de cimento foi de 3.300 milhões de toneladas. Os três maiores produtores foram a China com 1.800, a Índia com 220 e os EUA com 63,5 milhões de toneladas, respetivamente. As utilizações mais importantes do cimento são como ingrediente na produção de argamassa para alvenaria e de betão, uma combinação de cimento e um agregado para formar um material de construção resistente. O cimento é fabricado aquecendo calcário (carbonato de cálcio) com pequenas quantidades de outros materiais (como a argila) a 1450 °C num forno, num processo conhecido como calcinação, através do qual uma molécula de dióxido de carbono é libertada do carbonato de cálcio para formar óxido de cálcio, ou cal viva, que é depois misturado com os outros materiais que foram incluídos na mistura. A substância dura resultante, designada por "clínquer", é depois moída com uma pequena quantidade de gesso até se transformar num pó para fazer "cimento Portland normal", o tipo de cimento mais utilizado (frequentemente designado por OPC). O cimento Portland é um ingrediente básico do betão, da argamassa e da maioria das caldas de injeção não especializadas. A utilização mais comum do cimento Portland é na produção de betão. O betão é um material compósito constituído por agregados (brita e areia), cimento e água. Como material de construção, o betão pode ser moldado em quase todas as formas desejadas e, uma vez endurecido, pode tornar-se um elemento estrutural (de suporte de carga). O cimento Portland pode ser cinzento ou branco.

Os cimentos utilizados na construção podem ser caracterizados como sendo hidráulicos ou não hidráulicos. Os cimentos hidráulicos (cimento Portland) endurecem devido à hidratação, uma reação química entre o pó de cimento anidro e a água. Assim, podem endurecer debaixo de água ou quando constantemente expostos ao tempo húmido. A reação química resulta em hidratos que não são muito solúveis em água, pelo que são bastante duráveis na água. Os cimentos não hidráulicos não endurecem debaixo de água; por exemplo, a cal apagada endurece por reação com o dióxido de carbono atmosférico.

O cimento endurece ou cura quando misturado com água, o que provoca uma série de reacções químicas de hidratação. Os constituintes hidratam e cristalizam lentamente; o encravamento dos cristais confere ao cimento a sua resistência. A manutenção de um elevado teor de humidade no cimento durante a cura aumenta a velocidade da cura e a sua resistência final. O gesso é frequentemente adicionado ao cimento Portland para evitar o endurecimento precoce ou "flash setting", permitindo um tempo de trabalho mais longo. O tempo que o cimento demora a curar varia consoante a mistura e as condições ambientais; o endurecimento inicial pode ocorrer em apenas vinte minutos, enquanto a cura completa pode demorar mais de um mês. Normalmente, o cimento cura ao ponto de poder ser colocado em serviço num prazo de 24 horas a uma semana.

O betão é, a seguir à água, a substância mais consumida na Terra, com quase uma tonelada do material utilizada anualmente por cada pessoa no planeta. O cimento é o ingrediente fundamental do betão, unindo a areia e os constituintes do cascalho numa matriz inerte. É a cola que mantém unida grande parte das infra-estruturas da sociedade moderna.

O cimento é um produto de base mundial, fabricado em milhares de fábricas locais. Uma fábrica de cimento está geralmente localizada perto de depósitos de calcário e o cimento produzido numa determinada região é consumido principalmente nessa região. Devido ao seu peso, o fornecimento de cimento através de transporte terrestre é dispendioso e geralmente limitado a uma área num raio de 300 km de qualquer fábrica. A indústria está a consolidar-se globalmente, mas as grandes empresas internacionais representam apenas 30% do mercado mundial.

Em muitos países desenvolvidos, o crescimento do mercado é lento ou nulo, enquanto nos mercados em desenvolvimento as taxas de crescimento são mais rápidas. A China é atualmente o mercado de crescimento mais rápido, ocupando o primeiro lugar. Por ser simultaneamente global e local, a indústria do cimento enfrenta um conjunto único de questões, que atraem a atenção das comunidades próximas da fábrica, a nível nacional e internacional.

Atualmente, existem diferentes tipos de cimentos disponíveis no mercado. Alguns dos cimentos mais importantes são.

* Cimento de endurecimento rápido
* Cimento resistente aos sulfatos.
* Cimento Portland Pozzolana
* Cimento de presa rápida
* Cimento de escória de Portland, etc.

Cerca de 99% de todo o cimento utilizado atualmente é cimento Portland. Este nome foi dado ao cimento por Joseph Asp din de Leeds, Inglaterra, que obteve uma patente para o seu produto em 1824. O betão feito com o cimento assemelhava-se à cor do calcário natural extraído na Ilha de Portland, no Canal da Mancha. O restante cimento utilizado atualmente consiste em cimento de alvenaria, que é constituído por cinquenta por cento de cimento Portland e cinquenta por cento de pedra calcária moída.

AGREGADOS

Os agregados são os constituintes importantes do betão. Dão corpo ao betão, reduzem a retração e têm um efeito económico. Um dos factores mais importantes para produzir betão trabalhável é uma boa classificação dos agregados. Uma boa classificação implica que uma amostra tenha fracções de agregados na proporção necessária, de modo a que a amostra contenha um mínimo de vazios. As amostras do agregado bem graduado que contêm um mínimo de vazios requerem um mínimo de pasta para preencher os vazios nos agregados. Uma quantidade mínima de pasta significa menos quantidade de cimento e menos água, o que significa maior economia, maior resistência, menor retração e maior durabilidade.

REQUISITOS DOS AGREGADOS

1. Deve ser duro, forte e duradouro.
2. Deve estar isento de materiais inorgânicos, óleos, etc.

3. A porosidade deve ser reduzida.
4. Deve ter uma forma angular.
5. Baixa condutividade térmica
6. Não deve reagir com cimento ou aço.
7. Deve ser bem classificado.
8. Deve estar isento de materiais deletérios.

AGREGADO GROSSO

O material que fica retido no peneiro de ensaio BIS número 4 (4,75 mm) é designado por agregado grosseiro. A pedra partida é geralmente utilizada como agregado pétreo. A natureza do trabalho decide o tamanho máximo do agregado grosso. O agregado grosso disponível localmente com o tamanho máximo de 20 mm foi utilizado no presente trabalho. Muitas vezes referido como cascalho, consiste normalmente numa distribuição de partículas, sendo o tamanho mínimo de aproximadamente 3/8 polegadas de diâmetro e o máximo definido ou restringido pelo tamanho da estrutura acabada. Um tamanho máximo comum

para o agregado grosso no betão estrutural é de 1,5 polegadas. As propriedades do betão, como a resistência, a durabilidade, a trabalhabilidade e a economia, são principalmente afectadas pelas propriedades do agregado. Inicialmente, o agregado era visto como um material inerte por razões económicas. Uma vez que as características do betão estão diretamente relacionadas com as do agregado que o constitui, os agregados para o betão de suporte de carga devem ser partículas duras, fortes, não porosas, alongadas e laminadas e devem ser adequados ao fim a que se destinam. As pedras que absorvem mais de 10% do seu peso após 24 horas de imersão em água são consideradas porosas. Os materiais porosos corroem as armaduras, as partículas alongadas ou laminadas são fracas ao cisalhamento. As variedades de arenitos dão origem a betão pobre e produzem fissuras de retração. Os agregados devem estar limpos e isentos de argila, vegetais e outros materiais orgânicos. O revestimento de argila ou sujidade nos agregados impede a adesão do cimento aos agregados, retarda a presa e o endurecimento do betão e reduz a resistência do betão.

AGREGADO FINO

O material que passa através do peneiro de ensaio BIS número 4 (4,75 mm) é designado como agregado fino. Normalmente, a areia natural é utilizada como agregado fino em locais onde a areia natural não está disponível, a pedra britada é utilizada como agregado fino. A areia utilizada para os trabalhos experimentais foi adquirida localmente e confirmada como sendo da zona de classificação II. A análise granulométrica do agregado fino foi efectuada no laboratório de acordo com a norma IS 383-1970 e os resultados são apresentados. A areia foi primeiro peneirada através de um peneiro de 4,75 mm para remover qualquer partícula superior a 4,75 mm e depois foi lavada para remover o pó. Os resultados dos ensaios efectuados para o agregado fino são fornecidos.

AREIA DO RIO

• Este é obtido a partir de leitos e margens de rios.

• A areia de rio é a principal fonte de areia para fins de construção, incluindo o fabrico de betão, reboco e outros materiais de construção.

• A areia de rio é composta por grãos de quartzo, feldspato e outros minerais.

• O tamanho das partículas da areia do rio varia entre 0,75 mm e 4,75 mm.

• A cor da areia de rio varia consoante o local de onde provém, mas é geralmente cinzenta clara ou castanha.

• A textura da areia de rio é tipicamente fina, com grãos arredondados que a tornam ideal para utilização na construção.

• A areia de rio é frequentemente preferida a outros tipos de areia para fins de construção, porque é limpa e isenta de impurezas.

ESCÓRIA GRANULADA DE ALTO-FORNO MOÍDA (GGBS):

O alto-forno granulado moído é um subproduto da escória de alto-forno, um resíduo sólido descarregado em grandes quantidades pela indústria do ferro e do aço na Índia. Estes fornos funcionam a uma temperatura de cerca de 1500 graus centígrados e são alimentados com uma mistura cuidadosamente controlada de minério de ferro, coque e calcário. O minério de ferro é reduzido a ferro e os materiais remanescentes da escória que flutua sobre o ferro.

Trata-se de um material granular formado quando a escória de alto-forno de ferro fundido é rapidamente arrefecida por imersão em água. Esta escória é periodicamente extraída como um líquido fundido e, quando se destina a ser utilizada no fabrico de GGBS, é rapidamente arrefecida em grandes volumes de água. A têmpera optimiza as propriedades de cimentação e produz grânulos semelhantes a areia grossa. Esta escória granulada é então seca e moída até se tornar um pó fino.

A reciclagem destas escórias tornar-se-á uma medida importante para a proteção do ambiente. O ferro e o aço são materiais básicos que sustentam a civilização moderna e, graças a muitos anos de investigação, as escórias geradas como subproduto na produção de ferro e aço são agora utilizadas como material de pleno direito em vários sectores. Os principais constituintes da escória são a cal (CaO) e a sílica (SiO_2). O cimento Portland também contém estes constituintes. O constituinte primário das escórias é solúvel em água e apresenta uma alcalinidade semelhante à do cimento ou do betão. Entretanto, com o desenvolvimento da indústria siderúrgica, a eliminação deste material como resíduo é definitivamente um problema e pode causar graves riscos ambientais.

Por si só, o GGBS endurece muito lentamente e, para ser utilizado em betão, precisa de ser ativado através da sua combinação com cimento Portland, mas é habitualmente utilizada uma percentagem de GGBS entre 20 e 80%. Quanto maior for a percentagem de GGBS, maior será o esforço nas propriedades do betão.

PÓ DE QUARÁRIO:

Origina-se como o subproduto que se forma no processamento das pedras de granito que se decompõem no agregado grosso em diferentes tamanhos. A gravidade específica depende da natureza da rocha a partir da qual é processada. Os agregados finos ou areia utilizados são normalmente obtidos a partir de fontes naturais, especialmente de leitos ou margens de rios.

Atualmente, devido à constante extração de areia, a areia natural está a esgotar-se a um ritmo alarmante. O arrastamento de areia dos leitos dos rios deu origem a vários problemas ambientais.

Devido a várias questões ambientais, o Governo proibiu o arrastamento de areia dos rios. Este facto conduziu a uma escassez e a um aumento significativo do custo da areia natural. Há uma necessidade urgente de encontrar uma alternativa à areia dos rios. O único substituto a longo prazo para a areia é o pó de pedreira.

Além disso, não pode ser eliminado de forma adequada e a sua eliminação não é economicamente viável, mas se for misturado com outros materiais de construção, como o solo argiloso, pode ser utilizado da melhor forma para vários fins de construção, como sub-base, base de fundação e aterros.

Devido à rápida industrialização, há escassez de terrenos com capacidades de suporte de solo desejáveis. A estabilização do solo é a técnica que melhora as propriedades do solo expansivo para satisfazer os requisitos de engenharia. Para uma estabilização bem sucedida, é necessário efetuar ensaios laboratoriais para determinar as propriedades de engenharia.

ÂMBITO DO TRABALHO

O presente trabalho tem por objetivo efetuar uma análise pormenorizada dos seguintes subsistemas para as condições prescritas.

- Projeto de mistura de betão para betão de grau M30.
- Moldagem de cubos de betão, cilindros e vigas de betão de grau M30 com diferentes percentagens de GGBS e pó de pedreira.
- Cubos, Cilindros, Vigas são sujeitos a água normal.
- Ensaio de espécimes em várias idades 7 e 28 dias.
- Traçar gráficos e comparar as resistências à compressão, à flexão e à tração por compressão de cubos de betão com mistura de GGBS e pó de pedreira em cura normal.

CAPÍTULO 2

REVISÃO DA LITERATURA

Uma revisão da literatura é um relatório de informação das revistas da nossa área de estudo. Esta revisão deve descrever, resumir, avaliar e clarificar as revistas. Esta revisão da literatura ajudar-vos-á a compreender o nosso trabalho. Uma revisão da literatura é mais do que a pesquisa de informação. Todos os trabalhos incluídos na revisão devem ser lidos, avaliados e analisados em relação à sua área de investigação.

1. **Atul Dubey et al., (2012) debruçaram-se** sobre o efeito do pó de escória de alto-forno na resistência à compressão do betão. Neste caso, substituíram o cimento por GGBS em 10%, 20%, 30%, 40%, 50% e a resistência à compressão do betão foi testada. Observaram e concluíram que a substituição ideal de pó de escória de alto-forno granulada moída por cimento sem alterar muito a resistência à compressão é de 15%.

2. **Dr. G. Sridevi et aL., (2016) centraram** os seus estudos nas propriedades de resistência do betão com substituição parcial de cimento por GGBS. Este artigo apresenta o estudo das propriedades mecânicas, tais como resistência à compressão, resistência à flexão do betão no final do período de cura de 3, 7 e 28 dias, utilizando GGBS como cimento em diferentes níveis de substituição. Os níveis percentuais de substituição do cimento por GGBS utilizados foram 30%, 40%, 50% e 60%. Concluíram que a resistência à compressão do betão aumenta com o aumento do nível de colocação de cimento por GGBS até 30%.

3. **D. Vinay kumar et aL., (2017)** apresentaram o estudo da resistência à compressão do betão através da substituição parcial do agregado fino por pó de pedreira. Substituindo parcialmente o pó de pedreira em proporções de mistura de agregados finos num intervalo de 10%, 20% e 30%. É preparada uma proporção de mistura para o betão M15.
Concluíram que 20% de substituição de pó de pedreira proporciona uma elevada resistência à compressão em comparação com o betão normal.

4. **G. Balamurugan, Dr. P. Perumal (2013) apresentaram** a Utilização de pó de pedreira para substituir a areia no betão - um estudo experimental. Este estudo experimental apresenta a variação do betão quando se substitui a areia por pó de pedreira de 0% a 100% em passos de 10%. Foi obtida a resistência à compressão dos cubos de betão aos 7 e 28 dias de idade.
Concluíram claramente que o pó de pedreira pode ser utilizado em misturas de betão como um bom substituto da areia natural de rio com uma resistência superior a 50% de substituição.

5. **Kankatala Jagadeep et al., (2017) estudaram** o efeito da substituição simultânea de cimento por escória de alto-forno granulada moída (GGBS) e areia por pó de pedreira. Este estudo centra-se principalmente na adaptação da substituição parcial de materiais na construção. Inicialmente, o pó de pedreira foi substituído em intervalos de 10% a partir do zero e o GGBS não foi substituído. Após a obtenção de uma percentagem óptima, a partir da percentagem óptima de pó de pedreira, o GGBS é substituído e é determinada uma percentagem óptima para 7 e 28 dias.
Concluíram que a compressão máxima é obtida com 10% de substituição do cimento por GGBS e 20% de substituição do agregado fino por pó de pedreira.

6. **N. Sellakkannu, Roshini P (2017)** estudaram a Investigação Experimental sobre a Substituição Parcial de Cimento por GGBS. S. Neste estudo, a escória de alto-forno granulada moída (GGBS) foi parcialmente substituída como 0%, 10%, 20%, 30% e 40% no lugar do cimento no concreto. O betão é fabricado com uma mistura M-40 e os cubos, cilindros e prismas são moldados aos 7, 14 e 28 dias de idade, a fim de descobrir a percentagem óptima

de substituição de GGBS no betão.

Concluíram que o valor ótimo é alcançado com 30% de substituição de cimento por GGBS, o que dá uma resistência à compressão superior à do betão normal.

7. Yogendra O.Patil et aL., (2013) estudaram o GGBS como substituição parcial de OPC em betão de cimento - um estudo experimental. Este artigo apresenta um estudo experimental da resistência à compressão e à flexão do betão preparado com cimento Portland ordinário, parcialmente substituído por escória de alto-forno granulada moída em diferentes proporções, variando de 0% a 40%.

Concluíram que a substituição de OPC por GGBS até 20% mostra uma redução marginal de 4-6% na resistência à compressão e à flexão durante 90 dias.

8. Mumthas M et aL., (2018) apresentaram a Investigação Experimental sobre a Substituição Parcial de Areia por Pó de Pedreira em Concreto. O grau M20 foi preparado substituindo a areia por pó de pedreira em 0%, 10%, 20%, 30%, 40%, 50%, 60%, 70%, 80%, 90%, 100%.

Concluíram que a resistência à compressão do betão aumenta até 20% de substituição de pó de pedreira por areia natural e depois diminui. Assim, 20% de substituição pode ser sugerido como ótimo.

9. Mohammad Iqbal Malik et al., (2015) concentraram-se no estudo do betão que envolve a utilização de pó de pedreira como substituição parcial de agregados finos. Os agregados finos foram substituídos por pó de pedreira em 0%, 10%, 20%, 30% e 40% em peso para a mistura M-25. Os corpos de prova de concreto foram testados quanto à resistência à compressão aos 28 dias de idade e os resultados obtidos foram comparados com os do concreto normal.

Concluíram que a percentagem ideal de pó de pedreira como substituição parcial da areia é de 30%, o que dá uma resistência máxima à compressão quando comparada com o betão normal.

CAPÍTULO-3

MATERIAIS

Geral

Os materiais utilizados no nosso trabalho são obtidos a partir de materiais disponíveis localmente. Estes materiais só devem ser tomados em consideração após a realização de vários testes. Ao utilizar os resultados destes testes, definimos o tipo de material utilizado. Estamos a utilizar cimento, GGBS, agregado grosso, agregado fino, pó de pedreira e água.

Cimento

O cimento Portland normal de grau 53 é produzido através da mistura de materiais calcários e argilosos e outros materiais contendo sílica, alumina ou óxido de ferro, queimando-os a uma temperatura elevada e moendo o clínquer resultante para produzir o cimento com uma qualidade elevada. Após a queima dos constituintes do cimento, não deve ser adicionado qualquer material para além do gesso, do melhorador do desempenho da água e não mais do que 1,0% de agentes de arrastamento de ar, incluindo agentes corantes que não sejam prejudiciais.

É utilizado cimento Portland normal de grau 53 (grau kcp 53) em conformidade com os requisitos da norma IS 12269: 1987 é utilizado. Foram efectuados diferentes tipos de ensaios ao cimento, incluindo a consistência normal, os tempos de presa inicial e final, a resistência à compressão do cimento, a gravidade específica e a finura do cimento.

Definição de OPC

O cimento pode ser definido como um material de ligação que possui propriedades de coesão e adesivas que o tornam capaz de se unir a diferentes materiais de construção, formando um material compactado. É um dos tipos de cimento Portland mais utilizados. O nome cimento Portland foi dado por Joseph Aspdin no ano de 1824 devido à sua semelhança de cor e qualidade de capacidade de endurecimento como a pedra Portland. A pedra de Portland é um calcário cinzento branco que está disponível na ilha de Portland, Dorset.

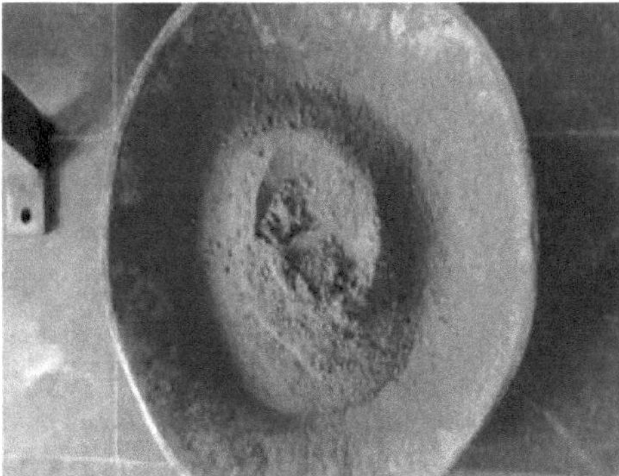

Figura 3.1: Cimento

Composição do OPC:

A composição química do cimento Portland comum é:

- Cálcio
- Sílica
- Alumina

* Ferro

Vantagens do OPC:

* Dá mais conforto aos arquitectos e engenheiros para conceberem todas as secções de projeto.
* Desenvolve uma elevada resistência inicial, de modo que podemos remover a cofragem de lajes e vigas muito mais cedo, o que resulta numa maior rapidez de construção e numa poupança nos custos de centragem.
* O betão fabricado com OPC produz um betão altamente durável e sólido devido à adição de uma percentagem muito baixa de álcalis, cloretos, magnésia e cal livre na sua composição.
* Mesmo em ambientes hostis, a estrutura de betão é protegida contra a corrosão porque este OPC não contém cloretos.

Aplicação do OPC:

* Edifícios, complexos residenciais, comerciais e industriais.
* Construção de estradas, pistas de aterragem, pontes e viadutos.
* O OPC é também utilizado em estruturas de betão pré-esforçado.

Propriedades físicas do cimento:

No nosso trabalho, o cimento Portland normal de grau 53 é utilizado para fabricar o betão.

Tabela 3.1: Propriedades físicas do cimento

S.NO	Propriedades	Livro de códigos IS	Valor	Gama
1.	Consistência normal do cimento	IS: 4031 (parte 4)-1988	33%	25 - 35%
2.	Gravidade específica	IS: 2720 (parte3)	3.12	3.1 - 3.15
3.	Tempo de configuração inicial	IS: 4031(parte5)-1988	40 min	> 30 min
4	Tempo final de fixação	IS: 4031(parte5)-1988	420 min	< 600 min
5.	Finura do cimento	IS: 4031(parte1)-1996	7%	< 10%

Tabela 3.2: Composição química do cimento

COMPOSTO	FÓRMULA	ÍNDICE
Óxido de cálcio	CaO	61-67%
Dióxido de silício	SiO_2	19-23%
Óxido de alumínio	Al_2O_3	2.5-6%
Óxido de ferro	Fe_2O_3	0-6%
Sulfato	SO_3	1.5-4.5%

Agregado fino

No nosso trabalho atual, consideramos o agregado fino como areia de rio bem graduada que passa por 4,75 mm. Consiste em areia natural, outros materiais inertes com propriedades semelhantes, ou combinações com partículas duras, fortes e duráveis. Antes de utilizar esta areia natural como agregado fino, é necessário conhecer as propriedades da areia natural do rio para a utilizar como agregado fino. As propriedades do agregado fino são tomadas com base nos códigos IS 383-1970 e IS 2386-1963 e esses valores são tabelados em baixo

Figura 3.2 Agregado fino

Tabela 3.3: Propriedades físicas do agregado fino

S.NO	Imóveis	Valor	Livro de códigos IS	Gama
1.	Gravidade específica	2.63	IS 2386 (parte 3) - 1963	2.5 - 2.8
2.	Módulo de finura	2.73	IS 383-1970	2.6 - 2.9
3.	Zona	II	IS 383 - 1970	2 - 4
4.	Absorção de gesso	1%	IS 2386 (parte 3) -1963	2 - 3%

Agregado grosso

O agregado grosso é constituído por materiais naturais, tais como cascalho, resultantes da rocha-mãe, incluindo rocha natural, escória, argila expandida e xisto (agregados leves) e outros materiais inertes aceites com propriedades semelhantes, com partículas duras, fortes e duráveis, em conformidade com os requisitos específicos destes materiais, substancialmente retidos no peneiro IS n.º 4, podem ser considerados como agregado grosso. As propriedades físicas do agregado grosso são apresentadas no quadro seguinte

Figura 3.3: Agregado grosso

Tabela 3.4: Propriedades físicas do agregado grosso

S.N.	Imóveis	Valor	Livro de códigos IS	Gama
1.	Gravidade específica	2.74	IS 2389 (parte 3) - 1963	2.5 - 8
2.	Módulo de finura	7.64	IS 383 (1970)	5.5 - 8

3.	Absorção de água	3.12%	IS 2386 (parte 3) - 1963	< 5%
4.	Índice de alongamento	19%	IS 2386 (parte 1) - 1936	< 45%
5.	Índice de escamação	14%	IS 2386 (parte 1) - 1963	< 30%

ESCÓRIA GRANULADA DE ALTO-FORNO MOÍDA (GGBS)

As escórias de alto-forno granuladas moídas e as escórias peletizadas finamente moídas são comercializadas separadamente para o produtor de betão e utilizadas como substituto parcial do cimento Portland. São comuns dosagens de substituição entre 5% e 70% em massa de material cimentício. A finura, o teor de vidro e os constituintes minerais são geralmente considerados factores importantes no que respeita à atividade cimentícia das escórias.

Para o nosso projeto, recolhemos GGBS da Herenba Instruments & Engineers Chennai

Figura 3.4: Escória granulada de alto-forno moída

APLICAÇÕES E UTILIZAÇÕES

A escória granulada moída de alto-forno é utilizada para fabricar estruturas de betão duráveis em combinação com cimento Portland normal ou outros materiais pozolânicos. O GGBS tem sido amplamente utilizado na Europa e, cada vez mais, nos Estados Unidos e na Ásia (em especial no Japão e em Singapura) devido à sua superioridade em termos de durabilidade do betão, prolongando a vida útil dos edifícios de cinquenta para cem anos.

Duas das principais utilizações das escórias de alto-forno granuladas moídas são a produção de cimento de escória de qualidade melhorada, nomeadamente o cimento de alto-forno Portland e o cimento de alto-forno com alto teor de escória de alto-forno granulada moída, que varia tipicamente entre 30 e 70%, e a produção de betão durável pronto a utilizar ou a ser aplicado em obra.

O betão feito com cimento de escória de alto-forno granulada moída endurece mais lentamente do que o betão feito com cimento Portland normal, dependendo da quantidade de escória de alto-forno granulada moída no material cimentício, mas também continua a ganhar resistência durante um período mais longo em condições de produção. Isto resulta num menor calor de hidratação e em menores aumentos de temperatura, e torna mais fácil evitar as juntas frias, mas também pode afetar os calendários de construção quando é necessário um endurecimento rápido.

A utilização de escória granulada de alto-forno moída reduz significativamente o risco de danos causados pela reação da sílica alcalina, proporciona uma maior resistência à entrada de cloretos, reduzindo o risco de corrosão da armadura, proporciona uma maior resistência aos ataques de sulfatos e outros produtos químicos, facilidade de trabalho - facilitando a colocação e a compactação - e um menor aumento da temperatura no início da idade, reduzindo o risco de fissuração térmica nos poros.

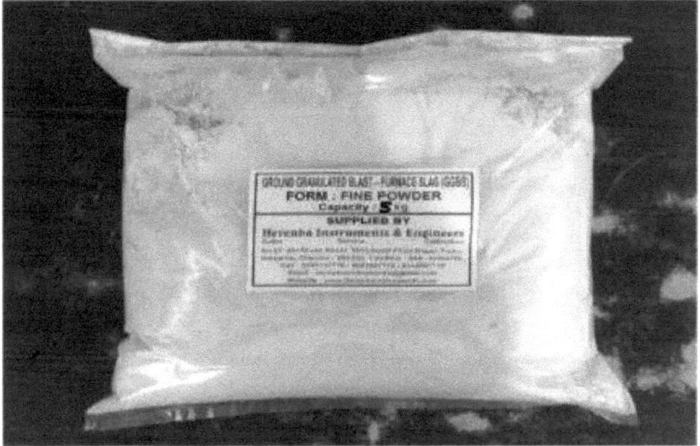

Figura 3.5: Saco de GGBS

PROPRIEDADES DE ENGENHARIA

Algumas das propriedades de engenharia da escória granulada de alto-forno moída são de particular interesse quando a escória granulada de alto-forno moída é utilizada como material agregado suplementar no betão de cimento Portland, incluindo a reatividade hidráulica da escória e a sua finura.

REACTIVIDADE HIDRÁULICA

Dependendo do processo de arrefecimento, a estrutura da escória de alto-forno peletizada pode variar de cristalina (arrefecimento lento) a vítrea (arrefecimento rápido). O arrefecimento rápido é importante se se pretender obter propriedades cimentícias. A composição química da escória de alto-forno granulada moída utilizada no betão de cimento Portland deve também estar em conformidade com o teor de enxofre e de sulfatos.

FINALIDADE

A escória granulada de alto-forno moída é um material granular vítreo e a sua distribuição de partículas, forma e granulometria variam, dependendo da composição química e do método de produção, desde partículas friáveis tipo pipocas PBFS até grãos densos do tamanho de areia. O PBFS tem uma textura relativamente suave e uma forma arredondada. A moagem reduz o tamanho das partículas até à finura do cimento para utilização como cimento hidráulico, que é normalmente inferior a 3500 cm^2/gm. Algumas das propriedades das misturas de betão que contêm GGBS e que são de particular interesse quando são utilizadas como substituição parcial de agregados finos incluem o desenvolvimento da resistência, a trabalhabilidade, o calor de hidratação, a resistência à reatividade dos agregados alcalinos, a resistência ao ataque superficial e a incrustação de sais.

CAPACIDADE DE TRABALHO

É geralmente conhecido que as partículas de escória de alto-forno granulada moída absorvem menos água do que as partículas de cimento Portland e, assim, o betão de escória de alto-forno granulada moída é mais trabalhável do que o betão de cimento Portland. Para uma trabalhabilidade equivalente, é possível uma redução do teor de água de até 10%. Este facto deve-se à superfície lisa e densa da escória, que faz com que a escória de alto-forno granulada moída absorva menos água do que o cimento Portland. As misturas de betão com GGBS

17

apresentaram abatimentos 20% a 50% superiores aos do betão normal com o mesmo rácio de teor de água.

CALOR DE HIDRATAÇÃO

O betão que contém escória de alto-forno granulada moída apresenta um calor de hidratação inferior ao do betão de cimento Portland convencional. A inclusão de escória de alto-forno granulada moída no betão pode reduzir significativamente o aumento da temperatura durante a hidratação do cimento. Com 70% de substituição de GGBS, foi possível reduzir a temperatura de hidratação em cerca de 30%. O aumento da temperatura foi reduzido quando o nível de substituição de GGBS foi aumentado até 70%. A redução foi significativa apenas no nível de substituição de 70%.

TEMPO DE REGULAÇÃO

O tempo de presa do betão é influenciado por muitos factores, em particular a temperatura e a relação a/c. Com escória de alto-forno granulada moída, o tempo de presa será ligeiramente prolongado, talvez em cerca de 30 minutos. O efeito será mais pronunciado em níveis elevados de escória granulada de alto-forno e/ou a baixas temperaturas. Um tempo de presa prolongado é vantajoso na medida em que o betão permanecerá trabalhável durante mais tempo e haverá menos risco de juntas frias. Isto é particularmente útil em tempo quente.

PROCURA DE ÁGUA

A substituição do cimento por escória granulada de alto-forno moída reduzirá o teor unitário de água necessário para obter o mesmo abatimento. Esta redução do teor unitário de água será mais acentuada com o aumento do teor de escória e da finura da escória. Isto deve-se ao facto de a configuração da superfície e a forma das partículas de escória serem diferentes das partículas de cimento. Para além disso, a água utilizada na mistura não se perde imediatamente, uma vez que a hidratação superficial da escória é ligeiramente mais lenta do que a do cimento. A redução do sangramento não é significativa com escória de $4000cm^2$ /gm de finura. Mas um efeito benéfico significativo é observado com escória de forno de $6000cm^2$ /gm e acima.

CONSISTÊNCIA

Enquanto os betões que contêm escória granulada de alto-forno moída têm uma consistência semelhante, ou ligeiramente melhor, do que os betões de cimento Portland equivalentes, o betão fresco que contém escória granulada de alto-forno moída tende a exigir menos energia para se movimentar. Isto torna-o mais fácil de colocar e compactar, especialmente quando se bombeia ou se utiliza vibração mecânica. Além disso, manterá a sua trabalhabilidade durante mais tempo.

COR

A escória granulada de alto-forno moída é de cor esbranquiçada e substancialmente mais clara do que o cimento Portland. Esta cor mais branca é também observada no betão feito com escória granulada de alto-forno moída, especialmente com taxas de adição de 50% e superiores. O aspeto esteticamente mais agradável do betão com escória granulada de alto-forno moída pode ajudar a atenuar o impacto visual de grandes estruturas, como pontes e muros de contenção. Para betão colorido, os requisitos de pigmento são frequentemente reduzidos com escória de alto-forno granulada moída e as cores são mais brilhantes.

AUMENTO DA RESISTÊNCIA DO BETÃO COM GESSO

Com o mesmo teor de material cimentício (o peso total do cimento Portland + escória granulada de alto-forno moída), obtém-se normalmente resistências aos 28 dias semelhantes às do cimento Portland quando se utiliza até 50% de escória granulada de alto-forno moída.

Com percentagens mais elevadas de escória de alto-forno granulada moída, o teor de cimento pode ter de ser aumentado para obter uma resistência equivalente aos 28 dias. O betão de escória de alto-forno granulada moída ganha resistência de forma mais constante do que o betão equivalente feito com cimento Portland. Para a mesma resistência aos 28 dias, um betão de escórias de alto-forno granuladas moídas terá uma resistência mais baixa nas primeiras idades, mas a sua resistência a longo prazo será maior. A redução da resistência inicial será mais notória em níveis elevados de escória de alto-forno granulada moída e a baixas temperaturas.

Normalmente, um betão de cimento Portland atingirá cerca de 75% da sua resistência aos 28 dias aos sete dias, com um pequeno aumento de 5-10% entre os 28 e os 90 dias. Em comparação, um betão com 50% de escória granulada de alto-forno moída atingirá tipicamente cerca de 45-55% da sua resistência aos 28 dias aos

7 dias, com um ganho entre 10-20% a partir de 28-90 dias. Uma escória de alto-forno granulada moída a 70%, a resistência aos 7 dias seria tipicamente de cerca de 40-50% da resistência aos 28 dias, com um ganho de resistência contínuo de 15-30% a partir dos 28-90 dias.

Em circunstâncias normais, os betões com até 70% de escória de alto-forno granulada moída atingirão uma resistência suficiente no prazo de um dia após a moldagem para permitir a remoção da cofragem vertical sem danos mecânicos. Com percentagens elevadas de escória de alto-forno granulada moída, deve ter-se especial cuidado com as secções finas vazadas durante o inverno, quando o endurecimento do betão pode ter sido afetado pelo frio ambiente.

BENEFÍCIOS ENIVORNIMENTAIS

CO_2E OUTROS POLUENTES

Na Irlanda, o fabrico de cimento é atualmente a segunda maior fonte industrial de emissões de CO_2 e NOx, a seguir à produção de energia eléctrica a partir de combustíveis fósseis. É gerada quase uma tonelada de CO_2 no fabrico de uma tonelada de cimento Portland, juntamente com 2 kg de SO_2, 3,5 kg de NOx e 2 kg de CO.

Por outro lado, o cimento de escória de alto-forno granulada moída é fabricado a partir de um subproduto industrial e tem uma pegada de CO_2 e zero emissões de poluentes nocivos, tais como SO_2, CO e NOx. A comparação das emissões de CO_2 entre a escória de alto-forno granulada moída e o cimento Portland demonstra as poupanças que podem ser efectuadas com a utilização de cimento de escória de alto-forno granulada moída.

POUPANÇA DE ENERGIA

a.   Para além da poupança de CO_2, a energia incorporada da escória granulada de alto-forno moída é apenas cerca de 7% a 8% da do cimento Portland. O fabrico de cimento Portland é um processo de elevado consumo de energia, que envolve três processos distintos: - Extração, trituração e mistura de calcário e xisto - Queima do calcário e do xisto num forno rotativo para produzir clínquer - Moagem do clínquer para fazer cimento.

b.   O consumo de energia por tonelada de cimento Portland produzido é igual a 4.000 MJ (1.100 kw. hrs)

c.   Em contrapartida, o fabrico de cimento de escória de alto-forno granulada moída envolve apenas o transporte, a secagem e a moagem de um subproduto industrial, sendo uma operação de baixo consumo energético. Além disso, é uma operação de reciclagem e tem benefícios a jusante, na medida em que elimina a necessidade de eliminação em aterro.

d.   O consumo de energia por tonelada de escória de alto-forno granulada moída produzida é igual a 307 MJ (85kw.hrs). Assim, a energia economizada pela substituição do cimento

Portland por cimento de escória de alto-forno granulada moída é igual a 3.693 MJ (1.015 kw. hrs) por tonelada.

Quadro 3.5 Composição química do GGBS

S.NO	COMPOSIÇÃO	PERCENTAGEM
1	CaO	30-50
2	SiO_2	28-38
3	Al_2O_3	8-24
4	MgO	1-18
5	Fe_2O_3	0.9-1.2

Quadro 3.6 Propriedades físicas do GGBS

S NO	PROPRIEDADE	VALOR
1	Gravidade específica	3.15
2	Finura	2.33
3	Unidade a granel Peso	1250 kg/ m^3
4	Consistência	31%
5	Tempo de configuração inicial	38 min
6	Tempo final de fixação	470 min

PÓ DE QUARTZO

As poeiras de pedreira, também conhecidas como poeiras de metal azul ou poeiras de triturador, são um subproduto relativamente comum das actividades de extração e exploração mineira. O pó de triturador é normalmente constituído por fragmentos de rocha mais pequenos que foram triturados e peneirados, e pode também incluir partículas de pedra, areia e argila. É frequentemente utilizada como material de base para projectos de construção e paisagismo, e como material de enchimento ou aglutinante na produção de betão, asfalto e outros materiais de construção.

Um dos principais benefícios do pó de triturador é a sua capacidade de fornecer uma base forte e estável para projectos de construção. Quando compactado, ele cria uma superfície sólida e nivelada que pode suportar cargas pesadas e resistir à erosão. Isso faz com que seja uma escolha popular para uso na construção de estradas, bem como para a construção de fundações, muros de contenção e outros elementos estruturais.

Outra vantagem do pó de triturador é o seu preço acessível. Por ser um subproduto das actividades de extração e exploração mineira, está frequentemente disponível a um custo inferior ao de outros materiais de construção. Isto pode torná-lo uma opção atractiva para construtores e proprietários preocupados com o orçamento.

No entanto, existem também alguns inconvenientes potenciais na utilização de poeiras de trituração. Uma das principais preocupações é o seu impacto na qualidade do ar. Quando as poeiras são criadas durante as operações de trituração e crivagem, podem ser transportadas pelo ar e inaladas pelos trabalhadores e pelos residentes nas proximidades. Este facto pode provocar problemas respiratórios e outros problemas de saúde.

Além disso, pode ser difícil trabalhar com as poeiras de trituração, uma vez que são constituídas por pequenas partículas que podem ser transportadas pelo ar e depositar-se em superfícies, incluindo vestuário e equipamento. Isto pode criar um ambiente de trabalho sujo e poeirento que pode ser difícil de gerir.

De um modo geral, as poeiras de trituração podem ser um material útil para projectos de construção e paisagismo, mas é importante tomar as devidas precauções para minimizar o seu impacto na qualidade do ar e para garantir um manuseamento e eliminação seguros.

Quadro 3.7 Propriedades físicas do pó de pedreira

S.NO	Imóveis	Valor
1.	Gravidade específica	2.66
2.	Módulo de finura	2.68

Figura 3.6: Poeira de pedreira

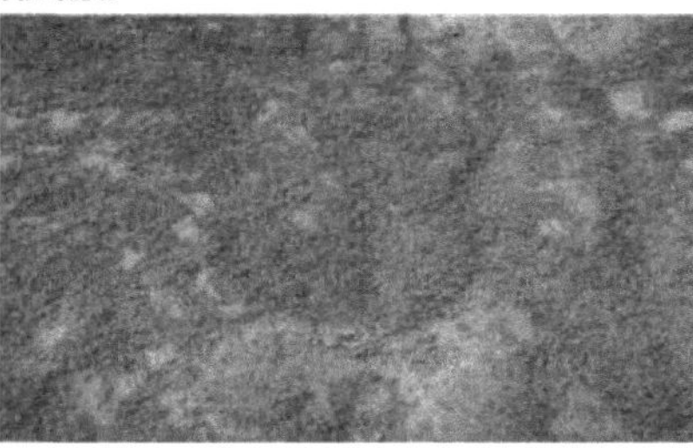

Água

A água é um dos principais constituintes na produção de betão e a qualidade da água deve ser cuidada, pois pode conter contaminantes que podem afetar a resistência do betão e também causar a corrosão quando o reforço de aço é colocado no betão. A água que utilizamos para a cura e produção de betão deve ser limpa e isenta de materiais como óleo, ácido, alcalino, sal, açúcar, lodo, matéria orgânica e outros elementos que destroem o betão ou o aço das armaduras. A água que bebemos é a mais adequada para a produção de betão. Assim, no nosso trabalho, utilizámos água potável da torneira para a mistura e a cura.

CAPÍTULO-4

OBJECTIVO E ÂMBITO DAS PRESENTES INVESTIGAÇÕES

GERAL

Neste estudo, o betão do grau M30 é considerado para uma relação W/C de 0,45 com um abatimento visado de 100±25 para a substituição de 0, 10, 20, 30, 40 e 50% de substituição de cimento por GGBS e de agregado fino por pó de pedreira.

A resistência à compressão, a resistência à tração por compressão e a resistência à flexão dos espécimes de betão são obtidas substituindo o cimento por GGBS e o pó de pedreira substituído por agregados finos em percentagens variáveis (0%, 10%, 20%, 30%, 40% e 50%) após 7 dias e 28 dias.

PROGRAMA DE TESTE

Para avaliar as características de resistência em termos de resistência à compressão, resistência à tração e resistência à flexão foram experimentadas com diferentes percentagens de GGBS e pó de pedreira (0%, 10%, 20%, 30%, 40% e 50%).

Na mistura de projeto M30, a percentagem de pó de pedreira substituído por agregado fino e GGBS substituído por cimento em proporções de 0%, 10%, 20%, 30%, 40%, & 50%
6 cubos de 150 x 150 x 150 mm e 6 cilindros de 150 mm de diâmetro e 300 mm de altura e 6 vigas de flexão de 500 x 100 x 100 mm foram moldados e testados para cada percentagem de substituição.

CAPÍTULO-5

ENSAIOS DE MATERIAIS

Este capítulo explica a metodologia seguida para os ensaios de cimento, agregado fino, agregado grosso, escória granular de alto-forno moída e pó de pedreira.

Ensaios em cimento

Para a qualidade, resistência e verificação de outras propriedades do cimento, realizamos muitos tipos de testes em laboratório, que são

1. Ensaio de finura do cimento
2. Teste de consistência normal
3. Tempo de presa inicial do ensaio de cimento
4. Tempo de presa final do ensaio de cimento
5. Ensaio de gravidade específica

Finura do cimento

Objetivo da experiência:

Determinar a finura do cimento por peneiração a seco de acordo com a IS: 4031 (Parte 1) - 1996.

Aparelho:

* Tamanho do crivo: 90pm.
* Diâmetro da peneira: 150mm a 200mm.
* Profundidade do peneiro: 45mm a 100mm.
* Balança, pincel, espátula, cimento (100g).

Procedimento:

* Colocar 100g de cimento (W1) num peneiro de 90ц.
* Colocar o tabuleiro debaixo da peneira e colocar a tampa sobre a peneira.
* Agitar a amostra de cimento a ensaiar, agitando-a durante 2 a 4 minutos num peneiro de 90°.
* Pesar a quantidade de amostra retida no peneiro de 90ц e a quantidade de cimento
* Passando pela peneira 90ц. Calcular a percentagem de retidos. Cálculo:

Percentagem de retido = (Peso do cimento retido no peneiro 90ц) x 100 (Total da amostra recolhida)

Tabela 5.1: Finura do cimento

S.NO	Quantidade de cimento (gm)	Peso retido (gm)	Finura do cimento %
1.	100	7	7
2.	100	7	7
3.	100	7	7
4.	100	7	7

Média: 7 %

Finura do cimento = 7%.

Consistência normal do cimento:

Objetivo da experiência:

Determinar a quantidade de água necessária para produzir uma pasta de cimento de consistência padrão de acordo com IS: 4031 (Parte 4) - 1988.

Princípio:

A consistência padrão de uma pasta de cimento é definida como a consistência que permite a Êmbolo Vicat para penetrar até um ponto a 5 a 7 mm do fundo do molde Vicat

Aparelho:

* Aparelho de Vicat em conformidade com a norma IS: 5513 -1976
* Balança, cuja variação admissível para uma carga de 1000g deve ser de 1,0g
* Espátula de medição em conformidade com a norma IS: 10086 - 1982

Procedimento

* Pesar cerca de 400g de cimento e misturá-lo com uma quantidade ponderada de água. O tempo de aferição deve ser de 3 a 5 minutos.
* Encher o molde Vicat com massa e nivelá-lo com uma espátula
* Baixar o êmbolo suavemente até tocar na superfície do cimento.
* Soltar o êmbolo, deixando-o afundar na pasta.
* Anotar a leitura no manómetro.
* Repetir o procedimento acima com novas amostras de cimento e diferentes quantidades de água

até que a leitura no manómetro seja de 5 a 7 mm.

Figura 5.1 Teste de consistência normal

Tabela 5.2 Consistência normal do cimento

Trilho	Percentagem de água adicionada (%)	Leitura do êmbolo em (mm)
1	24	39
2	26	38
3	28	37
4	30	36
5	32	35
6	**33**	**34**

Resultado:

A consistência padrão do cimento é de **33%** de água para uma penetração de 6 mm.

Tempo inicial de regulação

Objetivo da experiência:

Determinar o tempo de presa inicial do cimento utilizando o aparelho de Vicat.

Aparelho:

* Aparelho de Vicat
* Êmbolo (tipo agulha)
* Molde de cimento (tipo cone)
* Placa de vidro e lubrificante

Procedimento;

* Pegar no aparelho de vicat e colocar o êmbolo de consistência normalizada (tipo agulha), baixar a haste e verificar se a leitura é zero quando o êmbolo toca na placa de repouso não porosa (placa de vidro); caso contrário, ajustar a zero.

* A temperatura do cimento e da água e a da sala de ensaios devem situar-se, de preferência, no intervalo de 27±20°C.

* Revestir a placa de repouso não porosa (placa de vidro) com vaselina Colocar o molde, depois de o ter revestido ligeiramente com vaselina, sobre a placa de repouso não porosa (placa de vidro). Pegar em 300 g de cimento.

* Preparar uma pasta de cimento puro misturada com água que seja 0,85 vezes superior à consistência padrão

(Ex: Se a consistência padrão for 31% de água para o tempo de presa inicial=0,30*300x0,85).

O tempo decorrido entre a adição de água ao cimento seco e o momento em que se começa a encher o molde de vicat deve ser de 3 a 5 minutos.

* Inicie o cronómetro assim que começar a adicionar água e a misturar a pasta de cimento. A mistura deve ser efectuada com uma espátula de aço sem manchas, chamada espátula de aferição, que se encontra disponível nos revendedores de equipamento de laboratório.

* Encher completamente o molde Vicat com a pasta de cimento feita e alisar a superfície da pasta, nivelando-a com o topo do molde.

* Colocar o molde sob a agulha (quadrado de 1 mm) juntamente com a placa de repouso não porosa de pasta de cimento.

* Descer a agulha suavemente até tocar na superfície do bloco e soltá-la rapidamente para verificar se o tablier funciona corretamente.

* Inicialmente, a agulha penetrará completamente no bloco de ensaio. Repetir este procedimento até que a agulha não penetre no bloco de ensaio a 5+0,5 mm do fundo do molde.

Tempo de regulação inicial:

O tempo que decorre desde a mistura da água com o cimento até ao momento em que a agulha não penetra 5±0,5 mm no bloco de ensaio é descrito como o tempo de presa inicial. Ou seja, **40 min.**

Tempo de presa final do cimento:

Objetivo da experiência:

Determinar o tempo de presa final do cimento utilizando o aparelho Vicat.

Aparelho:

* Aparelho de Vicat
* Agulha (fixação anular)

- Molde de cimento (tipo cone)
- Placa de vidro e lubrificante

Procedimento

- Depois de determinado o tempo de presa inicial, substitui-se a agulha do aparelho Vicat pela agulha com fixação anular.
- Baixe o acessório suavemente até tocar na superfície do bloco e liberte-o utilizando o tabuleiro.
- Repetir este procedimento em intervalos regulares até que o tempo para encontrar a agulha faça um

A impressão na superfície do bloco e a impressão circular não são visíveis...

Tempo de endurecimento final:

O tempo decorrido desde a mistura da água ao cimento e o tempo até ao passo 3 é o tempo de presa final do cimento. Ou seja, **420 min.**

Gravidade específica do cimento:

A gravidade específica é normalmente definida como a relação entre o peso de um determinado volume de material e o peso de um volume igual de água. Para determinar a gravidade específica do cimento, utiliza-se querosene que não se mistura com o cimento.

Gravidade específica do cimento:

Pesar um balão de Le Chatlier ou um frasco de densidade específica, limpo e seco, com rolha (WI). Colocar uma amostra de cimento até metade do balão (cerca de 500 g) e pesar com a respectiva rolha (W2). Adicionar querosene (líquido polar) ao cimento no frasco até este ficar meio cheio, misturando bem com uma vareta de vidro para remover o ar retido. Pesar agora o frasco (W3). Retire o cimento e o querosene e limpe-o bem. Encha a garrafa com querosene e pese-a (W4).

Peso do balão vazio $W1$

Pesos do balão vazio + cimento $W2$

Peso do balão vazio + cimento + querosene $W3$

Peso do balão vazio + querosene $W4$

Gravidade específica do querosene $G_k : 0,78$

$$\text{Gravidade específica } (G) = \frac{(W_2 - W_1)}{\{(W_2 - W_1) - (W_3 - W_4)\}} \times G_k$$

Figura 5.2 Balão de Le-Chatlier

Tabela 5.3 Gravidade específica do cimento

S.NO	Observação	Trilho 1	Trilho 2
1	Peso do frasco vazio de gravidade específica (W1) gm	20	25
2	Peso do frasco vazio + $1/3^{rd}$ Cimento (W2)gm	40	45
3	Peso do frasco vazio +1/3 de cimento + querosene (W3) gm	80	85
4	Peso do balão vazio + querosene (W4) gm	65	60
5	Gravidade específica (G)	3.12	3.12

Resultado:

A partir do ensaio, a gravidade específica do cimento = **3,12**

Ensaios sobre o GGBS

1. Teste de gravidade específica
2. Ensaio de finura do GGBS

Gravidade específica do GGBS

OBJECTIVO

Determinar o peso específico do GGBS utilizando o frasco de le chatlier ou o frasco de peso específico.

APARELHOS

- Balão de Le chatlier ou frasco de gravidade específica - 100 ml de capacidade.
- Balança com capacidade de pesagem até 0,1 gm.

PROCEDIMENTO

- Pesar um balão de le chatlier ou um frasco de densidade específica, limpo e seco, com a respectiva rolha (WI).
- Colocar uma amostra de ggbs até um terço do balão (cerca de 50 gm) e pesá-la com a rolha (W2).
- Adicionar querosene ao ggbs no balão até encher e anotar o peso como (W3).

- Esvaziar o frasco. Limpar e encher de novo com querosene limpa e pesar (W4).
- A gravidade específica pode então ser obtida através da seguinte fórmula.

Cálculos:

$$\text{Gravidade específica} = \frac{(W_2 - W_1)}{\{(W_2 - W_1) - (W_3 - W_4)\}} \times G_k$$

Onde

W_1 = peso do balão vazio

W_2 = peso do balão + GGBS

W_3 = peso do balão + GGBS + querosene

W_4 = peso do balão + querosene

0,78 = gravidade específica do querosene

Quadro 5.4 Gravidade específica do GGBS

S.N.	Observação	Trilho 1	Trilho 2
1	Peso do frasco vazio de gravidade específica (W_1) gm	20	25
2	Peso do balão vazio + 1/3rd GGBS (W_2)gm	40	45
3	Peso do balão vazio + 1/3 de GGBS + querosene (W_3) gm	80	75
4	Peso do balão vazio + querosene (W_4) gm	65	60
5	Gravidade específica (G)	3.2	3.1

Resultados:

Gravidade específica do GGBS = **3,15**

Finura do GGBS

PROCEDIMENTO

1. Pesar com exatidão 100 g de amostra de cimento e colocá-la sobre o peneiro de ensaio. Desfazer suavemente com os dedos os eventuais grumos de ar endurecido.

2. Segurar a peneira com a panela com as duas mãos e peneirar com movimentos suaves do pulso, em movimentos circulares e verticais, durante um período de 10 a 15 minutos sem derramar cimento.

3. Coloque a tampa na peneira e retire a panela. Agora, bata no outro lado da peneira com o cabo da escova de cerdas e limpe o lado exterior da peneira.

4. Esvaziar o tabuleiro e fixá-lo por baixo do peneiro e continuar a peneirar como mencionado nas etapas 2 e 3. Peneirar completamente durante 15 minutos e pesar o resíduo (que ficou na peneira)

Resultado:

Peso de cimento tomado = 100gm

Peso retido no peneiro = 6 gm

Finura do cimento = **6%.**

Ensaios em agregados
1. Análise granulométrica e módulo de finura
2. Ensaio de gravidade específica
3. Índice de escamação do agregado grosso
4. Índice de alongamento do agregado grosso

5.3.1. Módulo de finura dos agregados:
Objetivo da experiência:
Os peneiros são utilizados para a determinação da distribuição do tamanho das partículas do agregado fino. (De acordo com
1S: 2386 parte-1 métodos de ensaio para agregados para betão).
Princípio:
Passando a amostra para baixo através de uma série de peneiras padrão, cada uma com aberturas de tamanho decrescente, os agregados são separados em vários grupos, cada um dos quais contém agregados numa determinada gama de tamanhos.
Aparelho:
*   Peneiras: tamanhos de 10 mm, 4,75 mm, 2,36 mm, 1,18 mm, 600 p, 300 p e 150 p.
-Balança (máquina de pesagem).

Figura 5.3 Análise granulométrica do agregado fino

Procedimento:
*   Tomar um peso conhecido da amostra seca.
*   Peneirar a amostra progressivamente a partir do peneiro maior, ou seja, 10 mm.
*   No final da peneiração, pesar o material retido em cada peneira.
*   Calcular a percentagem % de areia retida em cada peneiro e a percentagem acumulada que passa por cada peneiro.
*   Calcular o módulo de finura da areia somando a % acumulada de areia retida nos crivos de 10 mm, 4,75 mm, 2,36 mm, 1,18 mm, 600 p, 300 p e 150 p e dividindo a soma
*   Para saber em que zona de classificação se encontra a areia, consulte o quadro seguinte.

Quadro 5.5: Zona de classificação de agregados finos

Peneira IS	Zona I	Zona-II	Zona-III	Zona-IV
10 mm	100	100	100	100
4,75 mm	90-100	90-100	90-100	90-100
2,36 mm	60-95	75-90	85-100	95-100
1,18 mm	30-70	55-90	75-100	90-100

600 ц	15-34	35-59	60-100	80-100
300 ц	5-20	8-30	12-40	15-50
150 ц	0-10	0-10	0-10	0-10

Tabela 5.6: Módulo de finura do agregado fino

IS Tamanhos dos crivos	Peso retido (gms)	Percentagem (%) de peso retido	Acumulado (%) de peso retido	Percentagem (%) de peso que passa
4,75 mm	15	1.5	1.5	98.5
2,36 mm	25	2.5	4	96
1,18 mm	145	14.5	18.5	81.5
600 ц	405	40.5	59	41
300 ц	310	31	90	10
150 ц	100	10	100	10

Módulos finos de agregado fino $= \dfrac{\sum \text{Cumulative \% of weight Retained}}{100}$

Tabela 5.7: Módulo de finura do agregado grosso

S.NO	IS Tamanhos dos crivos	Peso retido (gm)	Percentagem (%) de peso retido	Acumulado (%) de peso retido
1	80 mm	0	0	0
2	40 mm	0	0	0
3	20 mm	645	64.5	64.5
4	10 mm	355	35.5	100
5	4,75 mm	0	0	100
6	0,36 mm	0	0	100
7	0,18 mm	0	0	100
8	600 p.	0	0	100
9	300 p	0	0	100
10	150 p	0	0	100

Módulos finos de agregado fino $= \dfrac{\sum \text{Cumulative \% retained}}{100}$

$$= \dfrac{\sum 764.5}{100}$$

$$= 7.645$$

Quadro 5.8: Módulo de finura dos agregados

Agregado fino	**2.73**
Agregado grosso	**7.645**

Ensaios de gravidade específica em agregado fino, agregado grosso
Objetivo:
Determinar a gravidade específica do solo de grão fino pelo método do frasco de densidade,

de acordo com a norma IS: 2720
(Parte II/Segundo 1) - 1980.
Princípio:
A gravidade específica é a relação entre o peso no ar de um determinado volume de um material a uma temperatura padrão e o peso no ar de um volume igual de água destilada à mesma temperatura.
Aparelho:
Dois frascos de densidade de cerca de 50 ml com rolha
Banho de água a temperatura constante (27 °C)
Dessecadores de vácuo
Forno, capaz de manter uma temperatura de 105 a 110 °C
Balança de pesagem, com uma precisão de 0,001 g
Espátula Preparação da amostra:
A amostra de solo (50 g) deve, se necessário, ser triturada para passar através de um peneiro IS de 2 mm. Obtém-se uma subamostra de 5 a 10 g por ripagem e seca-se na estufa a uma temperatura de 105 a 110 °C.
Procedimento:
•	O frasco de densidade, juntamente com a rolha, deve ser seco a uma temperatura de 105 a 110°C, arrefecido nos exsicadores e pesado com uma aproximação de 0,001g (W1).
•	A subamostra, seca na estufa, deve ser transferida para o frasco de densidade diretamente dos exsicadores em que foi arrefecida. Os frascos e o seu conteúdo, bem como a rolha, devem ser pesados com uma aproximação de 0,001 g (W2).
•	Cobrir o solo com água destilada sem ar do frasco de vidro e deixar repousar durante um de 2 a 3 horas. Para demolhar. Adicionar água até encher o frasco até cerca de metade.
•	O ar retido pode ser removido aquecendo o frasco de densidade num banho de água ou num banho de areia.
•	Manter o frasco sem a rolha num exsicador a vácuo durante cerca de 1 a 2 horas. Até que não haja mais perda de ar.
•	Agitar suavemente a terra no frasco de densidade com uma vareta de vidro limpa, lavar cuidadosamente as partículas aderentes da vareta com algumas gotas de água destilada e verificar que não há mais terra
as partículas perdem-se.
•	Repetir o processo até não se observarem mais bolhas de ar na mistura de água e terra.
•	Observar a temperatura constante no frasco e registar. Introduzir a rolha no frasco de densidade, limpar e pesar (W3).
•	Esvaziar o frasco, limpar bem e encher o frasco de densidade com água destilada à mesma temperatura. Introduzir a rolha no frasco, limpar o exterior e pesar (W4).
•	Efetuar pelo menos duas observações deste tipo para o mesmo agregado.

$$\frac{(W_2 - W_1)}{\{(W_2 - W_1) - (W_3 - W_4)\}}$$

Fórmula:

Quadro 5.9: Gravidade específica do agregado fino e do agregado grosso

Pesos	Agregado fino (g^m)	Agregado grosso (g^m)
Massa do Picómetro, W1	605	605

(g)		
Massa do piconómetro + **Agregado, W2 (g)**	1125	1215
Massa do piconómetro + **Agregado+ água W3 (g)**	1780	1870
Massa do piconómetro + **água, W4 (g)**	1460	1470
$\dfrac{(W_2 - W_1)}{\{(W_2 - W_1) - (W_3 - W_4)\}}$	2.63	2.74

Comunicação dos resultados:

A gravidade específica do agregado fino é = **2,63**

A gravidade específica do agregado grosso é = **2,74**

Índice de escamação do agregado grosso

• **De acordo com o código IS IS 2386 (parte 1) - 1966**

PROCEDIMENTO

• Dispor o conjunto de peneiras como mencionado na tabela, com as aberturas maiores no topo. Colocar a quantidade de agregado grosso no peneiro superior.

• A amostra é peneirada com os peneiros mencionados e são retirados 200 pedaços de cada fração a ensaiar e pesados como W1 gr.

• O material em flocos é separado por um medidor de espessura ou por peneiras com ranhuras alongadas.

• A largura da ranhura utilizada deve estar de acordo com as normas aplicáveis ao material.

• A quantidade de material escamoso é pesada com uma precisão de 0,1% da amostra de ensaio.

Quadro 5.10 Índice de escamação

Passagem nos crivos IS (mm)	Retido em peneiras IS (mm)	Calibre de escamação (mm)	Peso retido em cada peneira (g)	Peso que passa no medidor de escamação (g)	Percentagem Peso Passagem (%)
63	50	3903.	0	0	0
50	40	27.00	0	0	0
40	25	19.50	0	0	0
31.5	25	16.95	60	20	33.33
25	20	13.50	510	120	23.5
20	16	10.80	80	30	37.5
16	12.5	8.55	490	110	22.4
12.5	10	6.75	220	0	0
10	6.3	4.89	40	0	0
		Total	2000gm	280gm	

Índice de escamação = (soma dos pesos do material escamado) (soma dos pesos dos agregados) X 100

$$= \frac{(280)}{(2000)} \times 100$$

$$= 14\%$$

Resultados:

Índice de escamação = **14%**

Índice de alongamento do agregado grosso

1. De acordo com o Código IS IS 2386 (parte 2) - 1966.

PROCEDIMENTO

1. Dispor o conjunto de peneiras por ordem, com as aberturas maiores no topo, colocar o material na peneira superior e peneirá-lo durante 10 minutos.

2. São colhidas e pesadas, no mínimo, 200 peças de cada fração.

3. Para separar o material alongado, cada fração é então calibrada individualmente para medir o comprimento.

4. O comprimento do calibre utilizado deve ser o especificado na coluna 4 do quadro para o material adequado.

5. Os pedaços de agregados de cada fração testada que não puderam passar pelo comprimento especificado do calibre com o seu lado comprido são partículas alongadas e são recolhidos separadamente para encontrar o peso total do agregado retido pelo calibre de comprimento e são pesados com uma precisão de pelo menos 0,1 por cento do peso da amostra.

Tabela 5.11 Índice de alongamento

Passagem nos crivos IS (mm)	Retido em Peneiras IS (mm)	Medidor de alongamento (mm)	Peso retido no peneiro (g)	Peso retido no medidor de alongamento (g)	Percentagem de peso retido (%)
63	50	--	0	0	0
50	40	81.00	0	0	0
40	25	58.5	0	0	0
31	25	--	70	0	0
25	20	40.50	500	85	17
20	16	32.4	980	180	18.36
16	12.5	25.6	380	100	26
12.5	10	20.2	60	15	25
10	6.3	14.7	10	0	0
			2000 gm	380gm	

O índice de alongamento de um agregado é

$$= \frac{\text{Total weight retained on Elongation Gauge}}{\text{Total weight of test sample}} \times 100$$

$$= \frac{380}{2000} \times 100$$

$$= 19\%$$

= Peso total retido no medidor de alongamento X 100 Peso total da amostra de ensaio

Resultados:

O índice de alongamento do agregado grosso = **19%**

Ensaios sobre poeiras de pedreiras

1. Teste de gravidade específica

2. Ensaio do módulo de finura

Gravidade específica do pó de pedreira

Procedimento

1. Secar bem o picnómetro e pesá-lo com a tampa (W1).
2. Encher o picnómetro com pó de pedreira até cerca de 1/3 e pesar novamente (W2).
3. Adicionar água suficiente através do topo e deixar sair o ar retido.
4. Apertar suavemente a tampa para evitar fugas de água.
5. Encher o picnómetro com água lentamente até ao topo da tampa, sem derramar (W3) pelo tubo.
6. Limpar o picnómetro lavando-o bem com água.
7. Encher o picnómetro apenas com água e pesá-lo (W4).
8. Deve ser efectuada uma média de, pelo menos, 2 percursos.
9. Em seguida, a gravidade específica é obtida através da seguinte fórmula.

$$\text{Gravidade específica of Poeira de pedreira} = \frac{(W_2 - W_1)}{(W_2 - W_1) - (W_3 - W_4)}$$

Quadro 5.12 Gravidade específica do pó de pedreira

S.N.	Observação	Trilho 1	Trilho 2
1	Peso do frasco vazio de gravidade específica (W1) gm	420	425
2	Peso do frasco vazio + 1/3rd pó de pedreira (W2)gm	760	780
3	Peso do balão vazio + 1/3 de pó de pedreira + querosene (W3) gm	1480	1410
4	Peso do balão vazio + querosene (W4) gm	1275	1210
5	Gravidade específica (G)	2.64	2.29

Resultados:

Gravidade específica do pó de pedreira = **2,46**

Módulo de finura do pó de pedreira

Procedimento

1. Dispor as peneiras de teste com aberturas maiores em cima e menores em baixo e manter uma panela no fundo de todas as peneiras.
2. Colocar 1 kg de areia num tabuleiro e partir os grumos, se existirem, no caso do agregado fino, e 1 kg de amostras no caso do agregado grosso e do agregado misto.
3. Manter a amostra no peneiro superior e deixá-la passar através da ordem sequencial dos peneiros por agitação contínua dos mesmos, recolhendo agora o material retido em cada peneiro de forma adequada e pesando-o.
4. A peneiração deve ser efectuada durante um período não inferior a 10 minutos.
5. Registar em seguida, sob a forma de quadro, o peso do material retido em cada peneiro.

Quadro 5.13 Módulo de finura do pó de pedreira

S.N.	Tamanho do crivo	Peso retido (gm)	Percentagem de peso retido (%)	% acumulada de peso retido	% de aprovação	Observações
1	4,75 mm	0	0	0	100	
2	2,36 mm	90	4.5	4.5	95.5	
3	1,18 mm	300	15	19.5	80.5	
4	600 ц	720	36	55.5	44.5	
5	300 ц	670	33.5	89	11	
6	150 ц	220	11.0	100	0	
	Total	2000gm			**268.5**	

Resultados:

Módulo de finura do pó de pedreira

$$= \frac{\sum \text{Cumulative \% retained}}{100}$$

= 2.68

CAPÍTULO-6

DESENHO MIX

Geral

A conceção da mistura pode ser entendida como o processo de seleção dos ingredientes adequados para o betão e a sua determinação com o objetivo de produzir betão com uma determinada resistência e durabilidade da forma mais económica possível.

Para o presente trabalho, é adotado o betão de grau M30. O concreto de projeto de mistura é obtido de acordo com o procedimento padrão, conforme descrito na IS: 10262-2019.

Introdução

O processo de seleção dos ingredientes adequados do betão e de determinação das suas quantidades relativas com o objetivo de produzir um betão com a resistência, a durabilidade e a trabalhabilidade exigidas, tão economicamente quanto possível, é designado por conceção da mistura de betão. A dosagem dos ingredientes do betão é regida pelo desempenho necessário do betão em dois estados, nomeadamente o estado plástico e o estado endurecido. Se o betão plástico não for trabalhável, não pode ser corretamente colocado e compactado. Por conseguinte, a propriedade de trabalhabilidade assume uma importância vital.

A resistência à compressão do betão endurecido, que é geralmente considerada como um índice das suas outras propriedades, depende de muitos factores, por exemplo, a qualidade e a quantidade de cimento, água e agregados; a dosagem e a mistura; a colocação, a compactação e a cura. O custo do betão é composto pelo custo dos materiais, das instalações e da mão de obra. As variações no custo dos materiais resultam do facto de o custo do agregado fino ser aumentado, pelo que o objetivo é produzir uma mistura tão magra quanto possível.

Do ponto de vista técnico, as misturas ricas podem conduzir a uma retração e fissuração elevadas no betão estrutural e à evolução de um elevado calor de hidratação no betão maciço, o que pode causar fissuração. O custo real do betão está relacionado com o custo dos materiais necessários para produzir uma resistência média mínima, denominada resistência caraterística, que é especificada pelo projetista da estrutura. Isto depende das medidas de controlo de qualidade, mas não há dúvida de que o controlo de qualidade aumenta o custo do betão. A extensão do controlo de qualidade é frequentemente um compromisso económico e depende da dimensão e do tipo de trabalho. O custo da mão de obra depende da trabalhabilidade da mistura.

Por exemplo, uma mistura de betão com uma trabalhabilidade inadequada pode resultar num custo elevado de mão de obra para obter um grau de compactação com o equipamento disponível.

REQUISITOS DE CONCEPÇÃO DA MISTURA DE BETÃO

Os requisitos que constituem a base da seleção e dosagem dos ingredientes da mistura são

2. A resistência mínima à compressão exigida por considerações estruturais.

3. A trabalhabilidade adequada necessária para uma compactação completa com o equipamento de compactação disponível.

4. Relação água-cimento máxima e/ou teor máximo de cimento para proporcionar uma durabilidade adequada às condições específicas do local.

5. Teor máximo de cimento para evitar a fissuração por retração devido ao ciclo de temperatura no betão em massa.

TIPOS DE MISTURAS

1. Misturas nominais

No passado, as especificações para o betão prescreviam as proporções de cimento, agregados finos e grossos. Estas misturas com uma relação cimento-agregado fixa que assegura uma resistência adequada são designadas por misturas nominais. Estas oferecem simplicidade e, em circunstâncias normais, têm uma margem de resistência acima da especificada. No entanto, devido à variabilidade dos ingredientes da mistura, o betão nominal para uma determinada trabalhabilidade varia muito em termos de resistência.

2. Misturas padrão

As misturas nominais de rácio fixo de cimento-agregado (por volume) variam muito em termos de resistência e podem resultar em misturas sub ou sobre-ricas. Por esta razão, a resistência mínima à compressão foi incluída em muitas especificações. Estas misturas são designadas por misturas normalizadas. A norma IS 456-2000 designou as misturas de betão em vários graus como M10, M15, M20, M25, M30, M35 e M40. Nesta designação, a letra M refere-se à mistura e o número à resistência ao cubo especificada para 28 dias da mistura em N/mm^2. As misturas das classes M10, M15, M20 e M25 correspondem aproximadamente às proporções de mistura (1:3:6), (1:2:4), (1:1,5:3) e (1:1:2), respetivamente.

3. Misturas concebidas

Nestas misturas, o desempenho do betão é especificado pelo projetista, mas as proporções da mistura são determinadas pelo produtor de betão, exceto no que diz respeito ao teor mínimo de cimento que pode ser estabelecido.

Esta é a abordagem mais racional para a seleção das proporções da mistura, tendo em conta materiais específicos com características mais ou menos únicas. Esta abordagem resulta na produção de betão com as propriedades adequadas de forma mais económica.

No entanto, a mistura projectada não serve de guia, uma vez que não garante as proporções correctas da mistura para o desempenho prescrito. Para o betão com um desempenho pouco exigente, as misturas nominais ou normalizadas (prescritas nos códigos por quantidades de ingredientes secos por metro cúbico e por abatimento) podem ser utilizadas apenas para trabalhos muito pequenos, quando a resistência do betão aos 28 dias não excede 30 N/mm^2 [3]. Não é necessário efetuar qualquer ensaio de controlo, sendo a confiança depositada nas massas dos ingredientes.

FACTORES QUE AFECTAM AS PROPORÇÕES DA MISTURA

1. Resistência à compressão

É uma das propriedades mais importantes do betão e influencia muitas outras propriedades descritíveis do betão endurecido. A resistência média à compressão necessária numa idade específica, normalmente 28 dias, determina a relação nominal água-cimento da mistura. O outro fator que afecta a resistência do betão a uma determinada idade e curado a uma temperatura prescrita é o grau de compactação. De acordo com a lei de Abraham, a resistência

2 Trabalhabilidade

O grau de trabalhabilidade depende de 3 factores.

1. Estas são as dimensões da secção a betonar.

2. A quantidade de reforço.

3 O método de compactação a utilizar.

do betão totalmente compactado é inversamente proporcional à relação água-cimento.

3. Durabilidade

A durabilidade do betão é a sua resistência às condições ambientais agressivas. O betão de alta resistência é geralmente mais durável do que o betão de baixa resistência. Nas situações em que a alta resistência não é necessária, mas as condições de exposição são tais que a alta durabilidade é vital, o requisito de durabilidade determinará a relação água-cimento a ser utilizada.

4. Dimensão nominal máxima do agregado

Em geral, quanto maior for a dimensão máxima do agregado, menor será a necessidade de cimento para uma determinada relação água-cimento, porque a trabalhabilidade do betão aumenta com o aumento da dimensão máxima do agregado. No entanto, a resistência à compressão tende a aumentar com a diminuição do tamanho do agregado. A IS 456:2000 e a IS 1343:1980 recomendam que a dimensão nominal do agregado deve ser tão grande quanto possível.

5. Classificação e tipo de agregado

A classificação do agregado influencia as proporções da mistura para uma trabalhabilidade e uma relação água-cimento especificadas. Quanto mais grossa for a classificação, mais magra será a mistura que pode ser utilizada. Uma mistura muito magra não é desejável, uma vez que não contém material mais fino suficiente para tornar o betão coeso.

O tipo de agregado influencia fortemente a relação agregado-cimento para a trabalhabilidade desejada e a relação água-cimento estipulada. Uma caraterística importante de um agregado satisfatório é a uniformidade da classificação que pode ser conseguida através da mistura de diferentes fracções de tamanho.

6. Controlo de qualidade

O grau de controlo pode ser estimado estatisticamente pelas variações nos resultados dos ensaios. A variação da resistência resulta das variações nas propriedades dos ingredientes da mistura e da falta de controlo da precisão na dosagem, mistura, colocação, cura e ensaio. Quanto menor for a diferença entre as resistências média e mínima da mistura, menor será o teor de cimento necessário. O fator que controla esta diferença é designado por controlo de qualidade.

DESIGNAÇÃO DA PROPORÇÃO MISTA

O método comum de expressar as proporções dos ingredientes de uma mistura de betão é em termos de partes ou rácios de cimento, agregados finos e grossos. Por exemplo, uma mistura de betão com proporções 1:2:4 significa que o cimento, o agregado fino e o agregado grosso estão na proporção 1:2:4 ou que a mistura contém uma parte de cimento, duas partes de agregado fino e quatro partes de agregado grosso. As proporções são em volume ou em massa. O rácio água-cimento é normalmente expresso em massa.

FACTORES A TER EM CONTA NA CONCEPÇÃO DA MISTURA

- A designação do grau indica a exigência de resistência caraterística do betão.
- O tipo de cimento influencia a taxa de desenvolvimento da resistência à compressão do betão.
- A dimensão nominal máxima dos agregados a utilizar no betão pode ser tão grande quanto possível dentro dos limites prescritos pela IS 456:2000.
- O teor de cimento deve ser limitado pela retração, fissuração e fluência.
- A trabalhabilidade do betão para uma colocação e compactação satisfatórias está relacionada com a dimensão e a forma da secção, a quantidade e o espaçamento das

armaduras e a técnica utilizada para o transporte, a colocação e a compactação.

PROCEDIMENTO

O gabinete de normas indiano recomendou um conjunto de procedimentos para a conceção de misturas de betão, principalmente com base no trabalho realizado nos laboratórios nacionais. Os procedimentos de conceção de misturas são abrangidos pela norma IS: 10262-2019, podendo estes métodos ser aplicados tanto ao betão de resistência média como ao betão de resistência elevada. As seguintes misturas são concebidas com base no método recomendado pela norma indiana de conceção de misturas de betão IS: 10262-2019.

Disposições relativas ao doseamento

a. Designação do grau	- M30
b. Tipo de cimento e grau de cimento	- OPC 53 Grau
c. Tamanho nominal máximo do agregado	- 20 mm
d. Condição de exposição	- Grave (IS-456, quadro 5)
e. Teor mínimo de cimento	- 320 kg/m^3 (IS-456, Quadro-5)
f. Teor máximo de cimento	- 450 kg/m3 (IS-456, Cl.8.2.4.2)
g. Trabalhabilidade em termos de abatimento	- 100 mm (IS-456, Cl.7.1)
h. Tipo de agregado grosso	- Agregado angular triturado
i. Agregado fino	- Zona II
Dados de ensaio para materiais	- 3.12
A. Gravidade específica do cimento	
B. Gravidade específica para	
Agregado grosso - 2,74	

1. Agregado fino - 2,63
C. Absorção de água
1. Agregado grosso-0   ,   5%
2.   Agregado fino-1   %
D. Teor de humidade do agregado
1.   Agregado grosso-Nulo
2.   Agregado fino-Nulo

Etapas da conceção da mistura

1. Força do alvo
2. Rácio água-cimento
3. Teor de água
4. Cálculo do teor de cimento
5. Proporção agregada entre C A & F A
6. Cálculo da mistura

Resistência alvo para a proporção da mistura

fck' = fck + 1,65 x s

Onde, fck' = Resistência média à compressão pretendida aos 28 dias

fck = caraterística Resistência à compressão a 28

diass = Desvio padrão-:

Do quadro 2 (IS 10262-2019)

Desvio padrão, s = 5 N/mm

fck' = 30 + 1,65 x (5)

= 38,25 N/mm^2

fck' = fck + X

Onde, X= (fator baseado no grau de betão, X = 6,5 [da Tabela 1 da IS 10262:2019])

fck' =30 + 6,5

= 36,5 N/mm^2

Por conseguinte, deve ser adotado um valor mais elevado. Por conseguinte, a força-alvo será 38,25 N/mm2 [38,25 > 36,5 N/mm2]

Resistência alvo = 38,25 N/mm^2

Rácio água-cimento

Do quadro 5 (cláusulas 6.1.2, 8.2.4.1 e 9.1.2) IS-456:2000,

Relação água-cimento máxima = 0,45

Teor de água

Do Quadro - 4, (Cláusulas 5.3) IS 10262:2019

Teor máximo de água para agregado de 20 mm=   186 kg/m^3

Teor de água =   160 kg/m3

Para um abatimento de 100 mm

Teor de água=   160 + 6 % de 160

= 169,6 kg/m3

Cálculo do teor de cimento:

Teor de cimento = teor de água / rácio água-cimento

= 169.6 / 0.45

= 376 kg/m^3

Teor mínimo de cimento para condições normais de exposição = 320 kg/m (IS-456, Tabela 5)

376 > 320 **kg/m3**, pelo que não há problema

Proporção de agregado entre agregado grosso e agregado fino

Do Quadro - 5, (Cláusulas 5.5) IS 10262:2019

Volume de agregado grosso=   0,62 + 0,01

= 0.63

Volume de agregado fino=   1 - 0,63

= 0.37

Cálculo da mistura

a) Volume de betão   = 1 m^3

b) Volume de ar aprisionado   = 0.01 m3

c) Volume de cimento   = (Massa do teor de cimento /
Gravidade específica do cimento) x 1 / 1000
= (376 / 3.12) x (1 / 1000)
= 0.12 m3

c) Volume de água   = (Massa de água /
Gravidade específica da água) x 1 / 1000
= (197 / 1) x (1 / 1000)
= 0.197 m3

d) Volume de todos os agregados   = (a - b) - (c + d)

$$= (1 - 0.01) - (0.12 + 0.197)$$
$$= 0.673 \ m3$$

e) Massa de agregado grosso = Volume de todos os agregados x Volume de C.A x
Gravidade específica do C.A x 1000
$$= 0,673 \ x \ 0,63 \ x \ 2,74 \ x \ 1000$$
$$= 1162 \ kg \ / \ m3$$

Massa de agregado fino = Volume de todo o agregado x Volume de F.A x
Gravidade específica de F.A x 1000
$$= 0,673 \ x \ 0,37 \ x \ 2,63 \ x \ 1000$$

RESUMO:

Cimento	$= 655 \ kg \ / \ m^3$
Agregado fino	- 376 kg / m3
Agregado grosso	- 655 kg / m3
Água	- 1162 kg / m3
Rácio água - cimento	- 197 kg / m3
	- 0.45

Rácio de mistura

CIMENTO	F.A	C.A	ÁGUA
376	655	1162	197
1	1.74	3.1	0.45

Rácio de mistura = 1:1,74:3,1

CAPÍTULO-7

ENSAIO DE MOLDAGEM E BETÃO FRESCO

Geral

Após a conclusão das proporções da mistura, temos agora de encontrar o conteúdo ideal para a substituição do agregado fino na mistura, substituindo diferentes percentagens na mistura. Em seguida, é feita a substituição da cinza volante como cimento na mistura de betão. São preparados três tipos de espécimes de betão nos respectivos moldes no processo de moldagem. Os tipos de espécimes são cubos, vigas e cilindros.

Fundição

Este programa experimental consiste nas seguintes etapas

- Loteamento
- Mistura
- Fundição
- Cura
- Ensaios

Preparação de moldes

Os moldes para a moldagem dos cubos, cilindros e vigas de betão devem ser preparados em primeiro lugar. O molde deve ser corretamente ajustado. O molde deve estar livre de quaisquer partículas soltas. Deve ser aplicado óleo na face interna do molde.

A dimensão normal do molde é de 150 X 150 X 150 mm, o cilindro tem 300 mm de diâmetro e 150 mm de altura, a viga tem 100 X 100 X 500 mm, foram moldados cubos para cada rasto.

Loteamento

As quantidades de cimento, pó de pedra, agregado fino, agregado grosso, super plastificante e água para cada lote foram medidas por uma balança com uma precisão de 1 gm. ou seja, a recolha de materiais neste material é recolhida de acordo com as suas necessidades.

- Cimento
- GGBS
- Agregado fino
- Pó de pedreira
- Agregado grosso
- Água

MISTURAÇÃO

O objetivo da mistura é revestir a superfície de todas as partículas de agregado com pasta de cimento e misturar todos os ingredientes do betão numa massa uniforme. A mistura completa dos materiais é essencial para a produção de um betão uniforme. A mistura deve garantir que a massa se torna homogénea, uniforme na cor e na consistência. São adoptados dois métodos para misturar o betão: a mistura manual e a mistura mecânica. Neste estudo, o processo de mistura dos materiais foi efectuado à mão.

FUNDIÇÃO

Os moldes de ensaio são mantidos prontos antes da preparação da mistura. Os parafusos dos moldes são apertados cuidadosamente, porque se os parafusos dos moldes não forem mantidos apertados, a lama de betão sai do molde quando há vibração. Em seguida, os moldes são limpos e oleados em todas as superfícies de contacto dos moldes e, inicialmente, os materiais constituintes são pesados e a mistura a seco é efectuada para o cimento, a areia, o agregado grosso e os aditivos. Esta mistura foi efectuada manualmente para obter uma cor uniforme. A duração da mistura foi de 2-5 minutos e, em seguida, foi adicionada água de acordo com a proporção da mistura. A mistura foi efectuada durante 3-5 minutos. Em seguida, a mistura foi vertida para os moldes e compactada manualmente com varas de compactação. O betão é colocado nos moldes e a superfície superior do betão é nivelada com uma espátula.

FIGURA 7.1: Fundição de espécimes

Medição das propriedades frescas
Antes de verter o betão nos moldes, é necessário observar as propriedades do betão fresco através do método do cone de abatimento.

Compactação do betão
O betão deve ser colocado nos moldes em camadas de aproximadamente 5 cm de profundidade, colocar o betão com uma espátula, movendo-a em torno do bordo superior do molde, permitindo que o betão deslize de forma simétrica sem qualquer segregação. No caso de compactação por vibração, colocar o molde sobre uma mesa vibratória e vibrar cada camada de betão no molde até se atingir a condição especificada.

Desmoldagem
Os espécimes devem ser removidos após 24 horas. Quando o betão estiver endurecido, os espécimes são removidos e processados para cura.

Figura 7.2: Desmoldagem

Cura

Após a desmoldagem, os espécimes são imediatamente submergidos na água limpa e fresca do tanque de cura. A água de cura é renovada de 7 em 7 dias e a uma temperatura de 27 ± 2^0 c. Os provetes são curados durante 7 e 28 dias no presente trabalho e depois mantidos nas respectivas soluções para cura à temperatura ambiente com uma humidade relativa de 85%, sendo os cubos retirados da cura após 7 dias e 28 dias para ensaio. A cura é um procedimento que se adopta para promover o endurecimento do betão em condições de humidade e temperatura favoráveis à progressiva e adequada presa do cimento constituinte.

A cura é o processo mais importante na betonagem. A resistência do betão aumenta com o tempo de cura. Os espécimes devem ser mantidos num tanque de cura para melhorar a sua resistência. Geralmente, a cura é efectuada através de tanques de cura por imersão. A água utilizada para a cura do betão deve estar isenta de salinidade, resíduos, vegetação e produtos químicos.

A cura tem uma grande influência nas propriedades do betão endurecido, tais como durabilidade, resistência, estanquidade, resistência ao desgaste, estabilidade de volume e resistência ao congelamento e descongelamento. O betão que foi especificado, dosado, misturado, colocado e acabado pode ainda assim ser um fracasso se for curado de forma incorrecta ou inadequada. A cura é normalmente a última etapa de um projeto de betão e, infelizmente, é muitas vezes negligenciada até pelos profissionais.

Figura 7.3: Tanque de cura

Propriedades do betão fresco

Estas propriedades do betão são observadas no momento da betonagem. Para medir as propriedades do betão fresco, deve ser realizado um ensaio de trabalhabilidade. O betão fresco é a fase do betão em que este pode ser moldado e se encontra no estado plástico. Nesta investigação, o ensaio de trabalhabilidade do betão fresco é realizado utilizando o cone de abatimento.

7.4.1 Ensaio de abatimento do cone

O ensaio de abatimento do betão é o método mais utilizado para medir a consistência do betão, sendo utilizado quer em laboratório quer no local de trabalho. O valor do abatimento do betão é utilizado para determinar a trabalhabilidade, o que indica a relação água-cimento, mas existem vários factores, incluindo as propriedades dos materiais, os métodos de mistura, a dosagem, os aditivos, etc., que também afectam o valor do abatimento do betão.

O equipamento utilizado para este ensaio é um cone de abatimento, uma placa de base não porosa e uma vareta de têmpera. O molde para o ensaio tem a forma de um cone com 30 cm de altura, 20 cm de diâmetro inferior e 10 cm de diâmetro superior. A vareta de compactação é de aço com 16 mm de diâmetro e 60 cm de comprimento e arredondada numa das extremidades.

O molde é então preenchido em quatro camadas, cada uma com aproximadamente 1/4 da altura do molde. Cada camada é calcada 25 vezes com a vareta de calcar, tendo o cuidado de distribuir os golpes uniformemente pela secção transversal. Retirar o excesso de betão e nivelar a superfície com uma espátula. Levantar o molde do betão imediatamente e lentamente na direção vertical. Isto permite que o betão se desloque. Este afundamento é designado por abatimento do betão. Mede-se a diferença de nível entre a altura do molde e a do ponto mais alto do betão abatido. A diferença de altura é considerada como abatimento do betão.

Figura 7.4: Cone de abatimento

Metodologia:

Para avaliar as características de resistência em termos de resistência à compressão, resistência à tração e resistência à flexão foram experimentadas com diferentes percentagens de pó de pedreira (0%, 10%, 20%, 30%) e GGBS (10%, 20%, 30%, 40% e 50%).

Na mistura de projeto M30, a percentagem de pó de pedreira substituída por agregado fino e GGBS substituída por cimento em proporções de 0%, 10%, 20%, 30%, 40%, & 50%.

Número de espécimes necessários para a experiência:

O número de cubos moldados para o ensaio de compressão é 54

O número de cilindros fundidos para a resistência à tração por compressão é de 54

O número de prismas moldados para a resistência à flexão é 54

CAPÍTULO-8

ENSAIOS DE BETÃO ENDURECIDO

Propriedades endurecidas

As propriedades do betão endurecido, como a resistência à compressão, a resistência à tração e a resistência à flexão, foram testadas no laboratório de betão.

Máquina digital de ensaio de compressão

Características principais:

1. Cumpre as principais especificações das normas IS -516 e IS 14858, bem como outras normas ASTM, EN e BS, consoante as placas e os acessórios seleccionados.
2. Determinação e visualização automática da tensão.
3. Proteção de segurança contra sobrecarga.
4. É apresentada a carga de pico, a tensão de pico e o número de registo único.
5. O EDI tem a possibilidade de configurar mais do que um modo.
6. Calibração dinâmica
7. Armazenamento de dados aprox. 2000 registos
8. CVT fornecido para assegurar uma tensão constante para o indicador digital.
9. A CTM digital tem uma gama de 2000 KN.

Ensaio de resistência à compressão

O ensaio de compressão foi realizado de acordo com a norma Is 510 - 1959, utilizando uma máquina de ensaio de compressão, e a resistência à compressão foi determinada para todos os provetes de cubo. A máquina de ensaio de compressão com capacidade de 200 toneladas foi utilizada para testar os espécimes sob compressão. Os provetes de ensaio têm uma forma cúbica de 150 x 150 x 150 mm. O provete de cubo de betão foi colocado entre as duas placas de extremidade. A carga de compressão foi aplicada ao provete através de um mecanismo hidráulico. Foi anotada a carga máxima à qual o provete de betão em cubo falhou. A carga final do provete de betão foi observada e a resistência à compressão foi calculada.

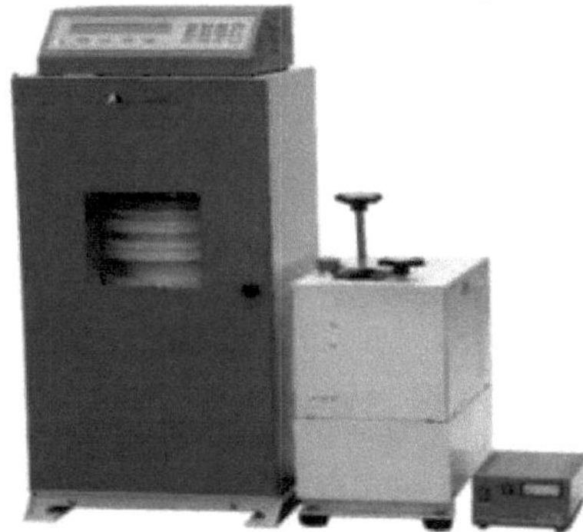

Figura 8.1: Máquina digital de ensaio de compressão

Geral:

O ensaio de compressão foi realizado de acordo com a norma IS 516 - 1959, utilizando uma máquina de ensaio de compressão, e a resistência à compressão foi determinada para todos os espécimes de cubo.

Configuração do ensaio. A máquina de ensaios de compressão com capacidade para 200 toneladas foi utilizada para testar os espécimes sob compressão.

Tamanho dos espécimes:
Os provetes de ensaio têm uma forma cúbica de 150 x 150 x 150 mm.
Procedimento de ensaio:
O provete de betão em cubo foi colocado entre as duas placas de extremidade. A carga de compressão foi aplicada ao provete através de um mecanismo hidráulico. A carga máxima à qual o provete de betão em cubo falhou foi anotada.
Observação:
A carga final da amostra de betão foi observada e a resistência à compressão foi calculada.

Figura 8.2 Ensaio de resistência à compressão

Ensaio de tração por divisão
O ensaio de tração por arrancamento foi realizado de acordo com o procedimento adotado pelas especificações da norma nacional do Brasil e é agora conhecido como "o ensaio brasileiro" e a resistência à tração por arrancamento foi determinada para todos os provetes. O ensaio de tração por compressão é utilizado para avaliar a resistência ao cisalhamento dos elementos de concreto. A máquina de ensaios de compressão com capacidade de 200 toneladas foi utilizada para ensaiar os provetes à compressão. Os provetes de forma cilíndrica tinham 150 mm de diâmetro e 300 mm de comprimento, se a maior dimensão nominal do agregado não exceder 20 mm. O provete cilíndrico é colocado de lado e carregado em compressão diametral, de modo a induzir uma tensão transversal.
Na prática, a carga aplicada no provete cilíndrico de betão induz tensões de tração no plano que contém a carga e tensões de compressão relativamente elevadas na zona imediatamente circundante. Quando o cilindro é comprimido pelas duas placas de face planas e paralelas, situadas em dois pontos diametralmente opostos da superfície do cilindro, desenvolvem-se, ao longo do diâmetro que passa pelos dois pontos, as principais tensões de tração que, no seu limite, se verificam a carga a que o provete de betão falha.
A carga final do provete de betão foi observada e a resistência à tração foi calculada.

$$f = \frac{2P}{\pi d l}$$

Onde P é a carga máxima, I é o comprimento do provete e d é a dimensão da secção transversal Geral:
O ensaio de tração por compressão foi realizado de acordo com o procedimento adotado pelas especificações da norma nacional do Brasil e é agora conhecido como "o ensaio brasileiro" e a resistência à tração por compressão foi determinada para todos os provetes. O ensaio de

resistência à tração por compressão é utilizado para avaliar a resistência ao cisalhamento dos elementos de betão

Configuração do teste:

A máquina de ensaios de compressão com capacidade de 200 toneladas foi utilizada para testar os espécimes sob compressão.

Tamanho dos espécimes:

Os provetes de ensaio de forma cilíndrica tinham 150 mm de diâmetro e 300 mm de comprimento, se a maior dimensão nominal do agregado não exceder 20 mm.

Procedimento de ensaio:

O provete cilíndrico é colocado de lado e carregado em compressão diametral, de modo a induzir uma tensão transversal. Na prática, a carga aplicada no provete cilíndrico de betão induz tensões de tração no plano que contém a carga e tensões de compressão relativamente elevadas na zona imediatamente circundante. Quando o cilindro é comprimido pelas duas placas de face planas e paralelas, situadas em dois pontos diametralmente opostos da superfície do cilindro, desenvolvem-se, ao longo do diâmetro que passa pelos dois pontos, as principais tensões de tração que, no seu limite, se verificam a carga a que o provete de betão falha.

Observação:

A carga final do provete de betão foi observada e a resistência à tração foi calculada.

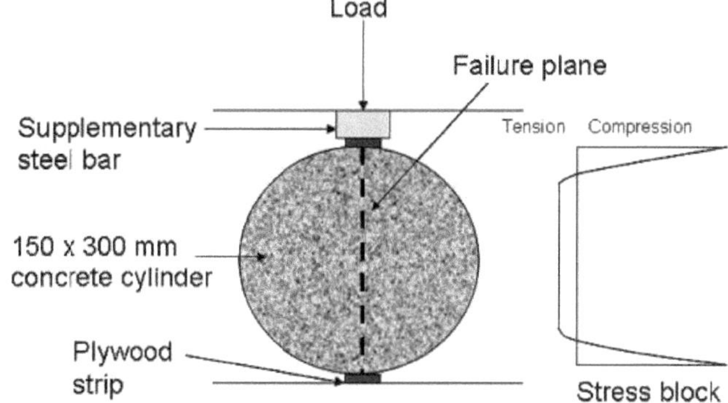

Figura 8.3 Disposição do ensaio de resistência à tração por compressão

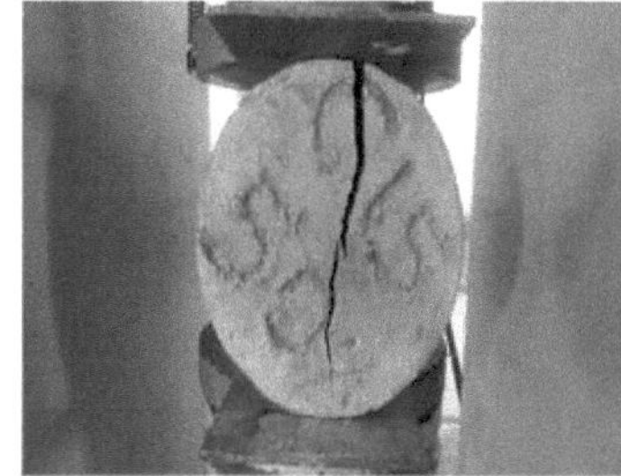

Figure 8.4 (a)   Figure 8.4 (b)

Figura 8.4 (a, b) Ensaio de resistência à tração por compressão

Ensaio de flexão

Este ensaio foi realizado para determinar a resistência à flexão do betão. O método de ensaio foi efectuado de acordo com a norma IS 516-1959. A máquina de ensaios universal com capacidade de 200 toneladas foi utilizada para testar os espécimes. Os prismas dos espécimes de ensaio tinham a forma de 100 x 100 x 500 mm, se a maior dimensão nominal do agregado não exceder 19 mm no espécime. As superfícies de apoio dos rolos de suporte e de carga foram limpas, e toda a areia solta ou outro material foi removido das superfícies do provete onde deviam entrar em contacto com os rolos. Colocou-se então o provete na máquina de modo a que a carga pudesse ser aplicada na superfície superior, tal como foi vazada no molde, ao longo de duas linhas espaçadas de 133 mm. O eixo do provete foi cuidadosamente alinhado com o eixo do dispositivo de carga. Não foi utilizada qualquer embalagem entre as superfícies de apoio do provete e os rolos. A carga foi aplicada sem choque e aumentada continuamente a uma taxa tal que a tensão extrema da fibra aumentou aproximadamente 0,7 KN/mm2 min, ou seja, a uma taxa de carga de 1,76 KN/min para espécimes de 100 mm. A carga foi aumentada até o provete falhar, e a carga máxima aplicada ao provete durante o ensaio foi registada. Foi anotado o aparecimento das faces fracturadas do betão e as características invulgares do tipo de falha.

A resistência à flexão do provete foi calculada como o módulo de rutura fb, que, se "a" for igual à distância entre a linha de fratura e o apoio mais próximo, medido na linha central do lado de tração do provete, em cm, e foi calculado com uma aproximação de 0,005 kg/mm2 da seguinte forma

$$f = \frac{Pl}{bd^2}$$

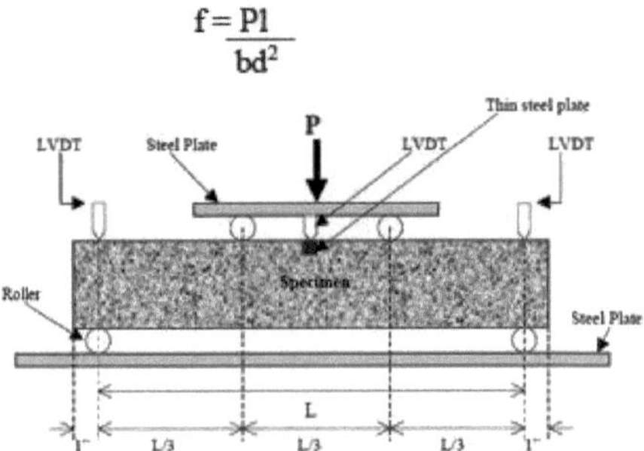

Figura 8.5 Representação esquemática do ensaio de flexão

Quando a é superior a 133 mm para um provete de 100 mm Quando a é inferior a 133 mum para um provete de 100 mm

$$f = \frac{Pl}{bd^2}$$

Sendo a -distância entre a linha de fratura e o apoio próximo e medida na linha central do lado da tensão do provete, b -largura medida, d -profundidade medida na rotura, 1-comprimento do vão, P -carga máxima.

Figura 8.6 Ensaio de resistência à flexão

CAPÍTULO-9

RESULTADOS E DEBATES

Geral

Os espécimes finais curvados no tanque de cura são testados quanto à resistência à compressão, resistência à tração por compressão e resistência à flexão. Ao retirar os espécimes do tanque de cura, os espécimes foram expostos à luz solar para secagem da superfície. Os espécimes são testados durante 7 dias e 28 dias quanto à resistência à compressão, resistência à tração por compressão e resistência à flexão.

Ensaio de resistência à compressão

A resistência à compressão é medida utilizando amostras de cubo. O tamanho da amostra de cubo é de 150 mm x 150 mm x 150 mm. A resistência à compressão de três cubos é medida após 7 e 28 dias. A resistência à compressão (f) é a carga de compressão (P) por área do cubo (A).

$$f = \frac{P}{A}$$

Quadro 9.1: Resistência média à compressão do betão com pó de pedreira

% de substituição Coima Agregado com pó de pedreira	Resistência média à compressão do betão em diferentes idades (N/mm2)	
% de substituição	7 dias	28 dias
0	25.42	38.77
10	26.56	39.04
20	**27.42**	**39.46**
30	25.34	37.24

Figura 9.1: Resistência média à compressão do betão com pó de pedreira em função da percentagem de substituição.

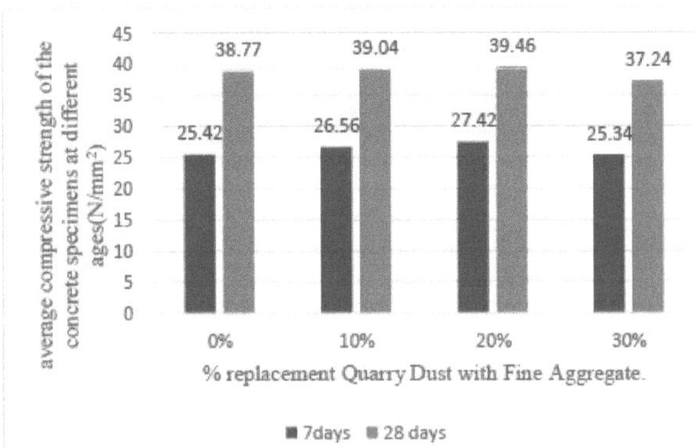

Figure 9.1

Figura 9.1

A partir da tabela e da figura, pode ver-se que, com 20% de substituição do agregado fino por pó de pedreira, não há redução da resistência à compressão.

Tabela 9.2: Resistência média à compressão do betão com GGBS

% de substituição do agregado fino por pó de pedreira	% de substituição Cimento com GGBS	Resistência média à compressão do betão em diferentes idades (N/mm2)	
Ótimo	% de substituição	7 dias	28 dias
20%	10	27.60	39.73
20%	20	28.22	40.72
20%	30	28.93	41.54
20%	**40**	**29.88**	**44.1**
20%	50	27.96	41.68

Figura 9.2: Resistência média à compressão do betão e do GGBS em função da percentagem de substituição.

Figura 9.2

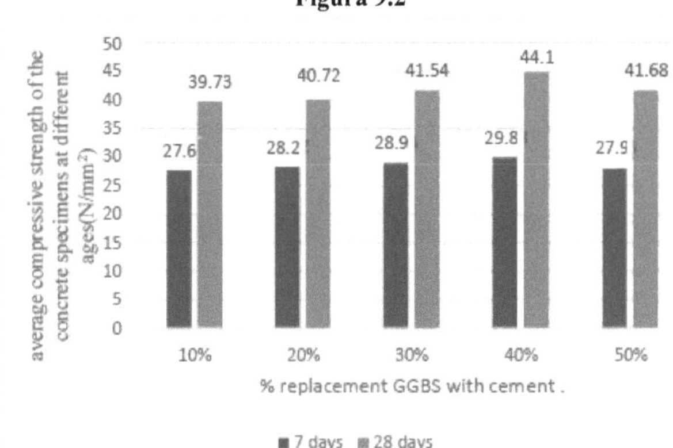

A partir da tabela e da figura, pode ver-se que a 40% de substituição de cimento por GGBS não há redução na resistência à compressão.

Resistência à tração por rutura

A resistência à tração por rutura é medida utilizando espécimes cilíndricos. As dimensões dos provetes cilíndricos são de 150 mm de diâmetro e 300 mm de comprimento. Foram moldados nove cilindros de betão para cada proporção de mistura de betão. A resistência à tração por compressão de três cilindros é medida após 7 e 28 dias. A fórmula da resistência à tração por compressão é a seguinte

Quadro 9.3: Resistência média à tração por compressão do betão com pó de pedreira

% de substituição do agregado fino por pó de pedreira	Resistência média à tração por compressão do betão em diferentes idades (N/mm2)	
% de substituição	7 dias	28 dias
0	1.82	2.25
10	1.87	2.32
20	**1.95**	**2.46**
30	1.80	2.23

Figura 9.3: Resistência média à tração por compressão do betão com pó de pedreira em função da percentagem de substituição.

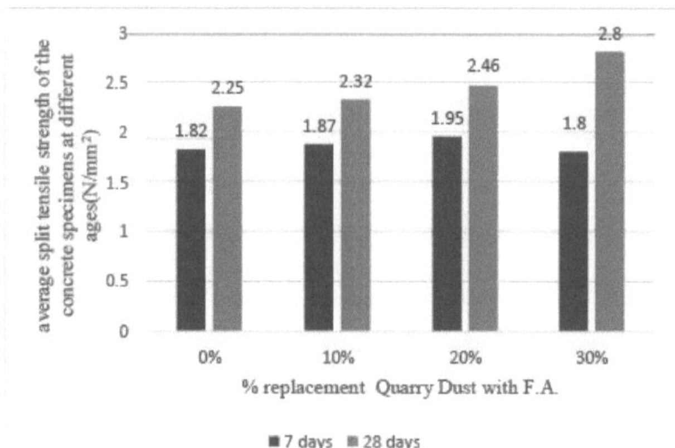

Figura 9.3

A partir da tabela e das figuras, pode ver-se que a 20% de substituição do agregado fino por pó de pedreira apenas se observou um aumento marginal na resistência à tração por compressão.

Tabela 9.4: Resistência média à tração por compressão do betão com GGBS

% de substituição Agregado fino com Pó de pedreira	% de substituição de cimento por GGBS	Resistência média à tração por compressão do betão em diferentes idades (N/mm2)	
Ótimo	% de substituição	7 dias	28 dias
20%	10	2.28	2.65
20%	20	2.42	3.11
20%	30	2.60	3.37
20%	**40**	**2.93**	**3.58**
20%	50	2.32	2.54

Figura 9.4: Resistência média à tração por compressão do betão com GGBS em função da percentagem de substituição.

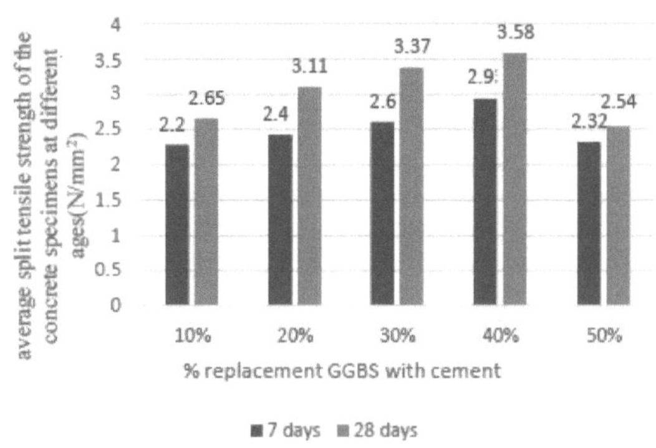

Figura 9.4

A partir da tabela e das figuras, pode ser visto que a 40% de substituição de cimento com GGBS que mostrou apenas um aumento marginal na resistência à tração foi observado.

Resistência à flexão

A resistência à flexão é medida utilizando amostras de vigas. O tamanho do espécime da viga é de 100 mm x 100 mm ^{X} 500 mm. As nove vigas de betão foram moldadas para cada proporção de mistura de betão. A resistência à flexão de três vigas é medida após 7 e 28 dias. A resistência à flexão é expressa como o módulo de rutura.

$$= \frac{M}{Z} \ N/mm^2$$

Resistência à flexão

Em que M é o momento fletor em N-mm

Z é o módulo de elasticidade da secção do provete em mm^3.

Quadro 9.5: Resistência média à flexão do betão com pó de pedreira

% de substituição do agregado fino por pó de pedreira	Resistência média à flexão do betão em diferentes idades (N/mm2)	
% de substituição	7 dias	28 dias
0	2.97	3.68
10	3.07	3.72
20	**3.14**	**3.75**
30	3.05	3.67

Figura 9.5: Resistência média à flexão do betão com pó de pedreira em função da percentagem de substituição.

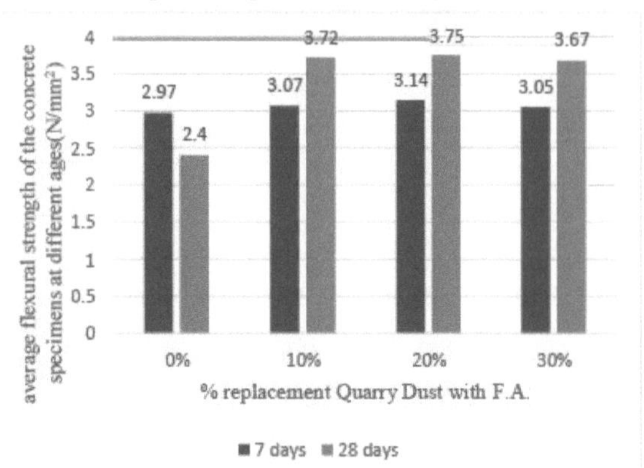

Figura 9.5

A partir da tabela e da figura, pode ver-se que, à semelhança da resistência à flexão, apenas se observou um aumento marginal com 20% de substituição do agregado fino por pó de pedreira.

Tabela 9.6: Resistência média à flexão do betão com GGBS

% de substituição Agregado fino com pedreira Poeira	% de substituição Cimento com GGBS	Resistência média à flexão do betão em diferentes idades (N/mm2)	
Ótimo	% de substituição	7 dias	28 dias
20%	10	3.14	3.87
20%	20	3.22	3.89
20%	30	3.34	3.98
20%	**40**	**3.40**	**4.04**
20%	50	3.20	3.85

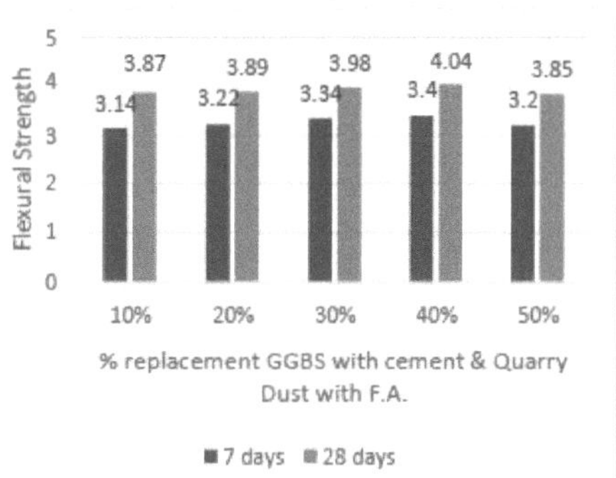

Figure 9.6
Figura 9.6

A partir da tabela e da figura, pode ver-se que, à semelhança da resistência à flexão, apenas se observou um aumento marginal com 40% de substituição de cimento por GGBS.

CAPÍTULO-10

CONCLUSÕES

1. Verificou-se que a utilização de GGBS como substituto parcial do cimento melhora as propriedades mecânicas do betão, reduzindo simultaneamente a quantidade de cimento necessária. Isto conduz a uma redução das emissões de carbono e a uma prática de construção mais sustentável.

2. Do mesmo modo, verificou-se que a utilização de pó de pedreira em substituição do agregado fino melhora a resistência e a durabilidade do betão. Além disso, reduz a necessidade de recursos naturais e minimiza o impacto ambiental da extração de agregados grosseiros.

3. Com 40% de substituição do cimento por GGBS e 20% de substituição do agregado fino por pó de pedreira, não há redução da resistência à compressão.

4. Com 40% de substituição do cimento por GGBS e 20% de substituição do agregado fino por pó de pedreira, observou-se apenas um aumento marginal da resistência à tração por compressão.

5. A resistência à flexão também é semelhante à resistência à tração por compressão, apenas se observou um aumento marginal com 40% de substituição do cimento por GGBS e 20% de substituição do agregado fino por pó de pedreira.

6. Com base nesta investigação experimental, verificou-se que o pó de pedreira pode ser utilizado como material alternativo à areia natural do rio e o GGBS pode ser utilizado como material alternativo ao cimento.

7. A utilização de materiais alternativos, como o GGBS e o pó de pedreira, no betão pode reduzir o impacto ambiental da produção de betão, promovendo a utilização de subprodutos industriais.

8. O GGBS tem uma elevada atividade pozolânica, o que significa que reage com o hidróxido de cálcio para formar compostos que contribuem para a resistência e durabilidade do betão.

9. A incorporação de GGBS e de pó de pedreira no betão pode levar a uma redução da permeabilidade do betão, o que pode aumentar a sua durabilidade.

10. O betão fabricado com GGBS e pó de pedreira pode ter uma melhor resistência ao fogo, o que pode ser importante em determinadas aplicações.

11. Globalmente, a utilização de GGBS e de pó de pedreira como substitutos do cimento e do agregado fino, respetivamente, pode resultar num melhor desempenho do betão, em economias de custos, em benefícios ambientais e numa maior sustentabilidade

REFERÊNCIAS

[1] . Atul Dubey, Dr. R. Chandak, Prof. R.K.Yadav "Effect of blast furnace slag powder on compressive strength of concrete" International Journal of Scientific & Engineering Research ISSN 2229-5518, Volume 3, Issue 8, August-2012.

[2] . Dr. G. Sridevi L. Madhusudhan, V. Manikumar Reddy, C.Phaneendra e G.Prajwala "Estudos sobre as propriedades de resistência do betão com substituição parcial de cimento por GGBS", Revista Internacional de Investigação Científica e de Engenharia, ISSN 2229-5518, Volume 7, Número 11, novembro de 2016.

[3] . D.Vinay kumar, Usha K, Abhilash K, D.Apurva, V.SaiRam, Ch. Premsagar "Estudo da resistência à compressão do betão através da substituição parcial do agregado fino por pó de pedreira" International Research Journal of Engineering and Technology (IRJET), ISSN: 2395-0072 Volume: 04 Edição: 10 | Out-2017.

[4] . G. Balamurugan, Dr. P. Perumal "Use of Quarry Dust to Replace Sand in Concrete - An Experimental Study" International Journal of Scientific and Research Publications, ISSN 22503153, Volume 3, Issue 12, December 2013.

[5] . Kankatala Jagadeep, Siva Ramaraju .V, P. Raju, Vamsi Nagaraju.T" Effect of Simultaneous Replacement of Cement with Ground granulated blast furnace slag (GGBS) and sand with Quarry dust in concrete" IJERT - International Journal of Engineering Research & Technology February- 2017. ISSN: 2278-0181, Volume 6, Edição 02,

[6] . N Sellakkannu, Roshini P "Investigação Experimental sobre a Substituição Parcial de Cimento por GGBS" Jornal Internacional de Pesquisa em Ciência Aplicada e Tecnologia de Engenharia (IJRASET), ISSN: 2321-9653, Volume 5 Edição X, outubro de 2017.

[7] . Yogendra O. Patil, Prof. P.N.Patil, Dr. Arun Kumar Dwivedi "GGBS como substituição parcial de OPC em concreto de cimento - um estudo experimental" IJSR - International Journal Of Scientific Research, ISSN No 2277-8179, Volume: 2, Edição: 11, novembro de 2013.

[8] . Mumthas. M, Anand. V, Praveen Dethan, Kavitha. S "Investigação experimental sobre a substituição parcial de areia por pó de pedreira em concreto" Revista Internacional de Pesquisa em Engenharia e Tecnologia (IRJET), ISSN: 2395-0072, Volume: 05 Edição: 10 de outubro de 2018.

[9] . Mohammad Iqbal Malik, Syed Rumysa Jan, Junaid A. Peer, S. Azhar Nazir, Khubbab Fa Mohammad "Estudo de betão envolvendo a utilização de pó de pedreira como substituição parcial de agregados finos" Organização internacional de investigação científica Journal of Engineering (IOSRJEN), ISSN (p): 2278-8719, Vol. 05, Edição 02 fevereiro.

Lista de livros de códigos

- IS 383:1970 Indian standard institution, Specifications of coarse and fine aggregates from natural sources of concrete, New Delhi.
- IS 456:2000 Código de práticas do betão simples e armado, Bureau of Indian Standards, Nova Deli.
- IS 516:1959, Method of tests for strength of concrete, Indian standard institution, New Delhi.
- IS: 1199-1959. Métodos padrão indianos de amostragem e análise de betão. Bureau of Indian Standards, Nova Deli.
- IS: 2386-1963 Parte 1 a VIII. Métodos de ensaio normalizados indianos para agregados para betão. Bureau of Indian Standards, Nova Deli.
- IS: 10262-2019 e SP 23:1982. Directrizes recomendadas para misturas de betão. Bureau of Indian Standards, Nova Deli.
- . IS 12269: 1987 Especificação para cimento portland ordinário de grau 53.
- Shetty, M. S., "Concrete technology", Chand S. and Co.Ltd, Índia (2009).
-

More
Books!

info@omniscriptum.com
www.omniscriptum.com
OMNIScriptum

Printed by Books on Demand GmbH, Norderstedt / Germany